HAIYU GUANLI JISHU QIANYAN

H 海域管理技术前沿

我国海陆产业统筹的
理论与实证研究

WOGUO HAILU CHANYE TONGCHOU DE
LILUN YU SHIZHENG YANJIU

曹 可 狄乾斌 著

海洋出版社

2017年·北京

图书在版编目（CIP）数据

我国海陆产业统筹的理论与实证研究/曹可，狄乾斌著. —北京：海洋出版社，2017.9

ISBN 978-7-5027-9878-9

Ⅰ.①我…　Ⅱ.①曹…②狄…　Ⅲ.①海洋经济-经济一体化-研究-中国　Ⅳ.①P74

中国版本图书馆 CIP 数据核字（2017）第 182930 号

责任编辑：赵　武
责任印制：赵麟苏

海洋出版社　出版发行

http://www.oceanpress.com.cn
北京市海淀区大慧寺路 8 号　邮编：100081
北京朝阳印刷厂有限责任公司印刷　新华书店发行所经销
2017 年 9 月第 1 版　2017 年 9 月北京第 1 次印刷
开本：787 mm×1092 mm　1/16　印张：9.5
字数：170 千字　定价：48.00 元
发行部：62132549　邮购部：68038093　总编室：62114335
海洋版图书印、装错误可随时退换

参与编写人员：赵全民　蔡悦荫　黄　杰
　　　　　　　许　妍　索安宁　马红伟
　　　　　　　宫　玮　张　云　宋德瑞
　　　　　　　耿文颖

前　言

随着全球陆域资源紧张与环境形势恶化愈演愈烈，世界各国越来越重视海洋经济的发展。进一步加大海洋资源开发，培育海洋产业，已成为沿海各国及各地区发展的共识，海洋经济已经成为世界各地经济社会发展新的重要经济增长点和动力源。我国是一个海陆兼备的国家，海域面积广阔，海洋资源丰富。30 多年来，我国海洋经济一直保持较快的发展速度，海洋产业部门不断增加，海洋经济总产值不断攀升。《2014 年中国海洋经济统计公报》[1] 显示，2014年我国海洋生产总值初步核算为 59 936 亿元，比 2010 年增长了31.5%。海洋生产总值占我国国内生产总值的 9.4%，占我国沿海地区生产总值的 15.2%，海洋经济在我国国民经济体系中具有越来越重要的地位。但是，伴随着一轮又一波的大规模开发、沿海地区经济的高速增长以及对海洋开发的不断拓展，致使我国海陆经济发展过程中在海陆产业协调发展、海洋产业结构优化、海陆资源环境与经济协调等方面都存在着诸多问题，突出表现在以下几个方面。

①海陆产业互动关联性不强，产业结构对接错位比较大，不利于海陆资源的有效替代与互补；②海洋与陆地功能区布局不相一致，存在着海陆产业之间争夺生产空间等问题；③海洋产业自身结构低层次化、同构化明显，滞后于经济整体发展结构；④陆域经济活动造成近海水域环境恶化，海陆环境综合承载力不断降低等。而且，在未来一段时间内，沿海地区经济规模的不断扩大、空间布局的继续拓展、人口数量的持续增加，由此导致的海陆经济不协调和环境恶化等问题，将日益影响到沿海地区的快速持续发展。

因此，统筹海陆经济协调发展、促进海洋产业结构优化升级，已成为当今科学发展观背景下实现全面协调可持续发展的重中之重。沿海地区发展海洋经济更现实的目标就是充分利用陆海资源的互补性和陆海产业的互动性，统筹发展陆海产业将海岸带的空间和产业集聚优势放大。一方面，海洋资源的深度和广度开发，需要有强大的陆地经济和相关产业的支撑，海洋经济发展中的制约因素，只有在与陆地经济的互补、互助中才能逐步消除。另一方面，陆域经济发展战略优势的提升和战略空间的拓展，必须依托海洋优势的发挥和蓝色国土的开发。只有坚持陆海统筹开发，逐步提高海洋经济的地位和作用，才能更好地发展沿海地区经济。

基于此，本书在海陆统筹内涵的理论研究、海陆统筹下海陆产业的评价、海洋产业结构优化等几个方面做了一些探索，以期能够为推动海陆统筹战略，促进海陆产业协调发展，实现海洋产业结构的优化升级，进而促进海陆经济和环境的可持续发展提供参考和依据。

由于作者水平有限，同时作者对海陆产业的统筹发展问题还处于不断研究过程中，书中不足之处在所难免，敬请广大专家学者批评指正！

作者

2015 年 12 月

目　录

第一章 绪 论

第一节 海陆产业统筹的研究意义

一、海洋的重要地位与发展趋势

海洋是生命的摇篮，是人类生存发展的第二空间，是科学和技术创新的重要舞台，是战略争夺的"内太空"，是经济发展的重要支点，开发、利用、保护、管理好海洋，已成为沿海国家和地区发展强盛的重要战略问题[2]。在全球资源紧缺、环境恶化、人口膨胀等问题愈发严重等背景下，世界各沿海国家越来越重视海洋，拓深了海洋开发、利用与研究的领域，海洋逐渐成为世界各国竞相开发的新高地，蓝色海洋经济正在全球范围内兴起。沿海国家都已经实施海洋开发战略并列为基本国策，海洋产业门类不断增加并已逐渐成为重要的产业类型，现代科学技术不断应用于海洋开发和海洋经济建设，国际间争夺海洋资源与捍卫海洋国土权益的斗争日益激烈。

当今，各海洋产业发展迅速。世界经济一体化的发展，进一步拉动海洋运输业；各国能源战略继续向海洋倾斜，海洋油气等矿产资源开发方兴未艾；随着经济的发展和社会进步，滨海旅游业发展势头强劲；随着人类海上活动的扩大，造船、海洋工程、海底采矿等海洋第二产业发展迅速。目前全球海洋产业的发展，经历了由资源消耗型—资金密集型—技术密集型演进的产业升级过程，已经形成了现代海洋渔业、现代海上交通运输业、滨海休闲旅游业和海洋油气开发等海洋支柱产业，海洋经济已成为经济增长的新动力源[3]。20 世纪 60 年代末，全世界海洋产业总产值约为 1 100 亿美元，目前已超过 10 000 亿美元，占到全球经济生产总值的比例 10% 左右，比 1991 年的 4.2% 提升了近 6 个百分点，海洋经济对全球经济社会发展的贡献作用不断提升。随着海洋开发的日益多元化、高科技化，海洋开发程度与广度不断拓展，不断涌现新的产业形式，例如：海洋生物资源高效利用、海水及海洋能源高效利用、深海海洋产业及深海技术开发、外大陆架海洋的勘探与开发、数字海洋信息开发、公海及极地开发、海洋开发的国际合作等。未来世界海洋经济的发展将主要体现以下特点：以高新技术为支撑扩大海洋开发的深度与广度；新兴海洋产业与海洋开发领域层出不穷；海洋经济功能区布局更加合理并且专业化；海洋产业结构质量与水平大幅提升；海陆经济一体化协调发展；海洋体制和海洋权益的新格局确立；海洋资源持续利用与海洋环境的改善等。

二、我国陆域资源需求与供应的矛盾及海洋开发中存在的问题

改革开放 30 多年来，我国经济建设取得了巨大成就，但在发展过程中也存在诸多问题。从发展方式上看，我国经济发展模式是传统的"高投入、高增长、低产出、低效益"的粗放式开发模式，对资源尤其是能源的消耗巨大，对生态环境破坏也非常严重。我国的土地资源特别是耕地日渐减少，人均占有耕地资源比世界平均数低得多，粮食安全问题严峻。沿海地区是我国经济最发达地区，城市与人口稠密，资源消费加剧。我国能源消耗量大且单位产值能耗较高，虽然目前的节能减排工作有所成效，但陆域资源不断减少与未来需求不断增大已成为我国经济持续快速发展面临的关键问题。

在陆域资源紧缺的形势下，我国加大了对海洋的开发力度。但长期以来，我国海洋经济的增长方式属于粗放型、外延型，过多地重视速度、规模、数量而忽视质量、效益，经济增长的集约性和内涵性没有得到应有的体现，经济总量的增长重于经济效益的提高、自然资源的节约以及海域环境的保护，严重制约了海洋经济的可持续发展[4]。这些制约因素主要表现在：①海洋国土观念不强，乱开发、乱占用的现象普遍存在；②海洋综合管理不够完善，缺乏宏观的海洋经济与陆域经济统筹规划；③海洋资源底数不清，无序开发依然存在；④部分近海资源过度开发利用，海洋污染严重，生态环境恶化，自然灾害频繁发生；⑤海陆产业结构衔接错位较大，传统海洋产业处于粗放型发展阶段，新兴海洋产业占比较低，海陆功能区不相协调；⑥海洋科学研究水平低，还不能满足人们开发海洋、发展海洋经济的需求等。

海洋经济成为我国经济增长的重要支撑点。我国东部基本属于温带沿海地区，处于全球经济高速发展和生产要素聚集的地带，沿海地区仅占全国的陆地面积 14% 以上，分布的人口由 1978 年的 42% 上升到 2014 年的 45%、GDP 由 50% 上升到 62%、资本形成额由 50% 上升到 62%、进出口总值占 90%

以上。预计沿海地区占全国 GDP 的比重、人口的比重都将进一步上升，经济活力和潜力还很巨大，是全球关注的"焦点"和"热点"地区。20 世纪 80 年代以来，中国的海洋经济平均以每年 20%以上的速度增长，海洋产业产值已经由 1979 年的 64 亿元，增至 2013 年的 5.4 万亿元，占国民生产总值的比例也由 0.7%上升到 9.4%，海洋经济已经成为国民经济新的增长点（图 1.1）。

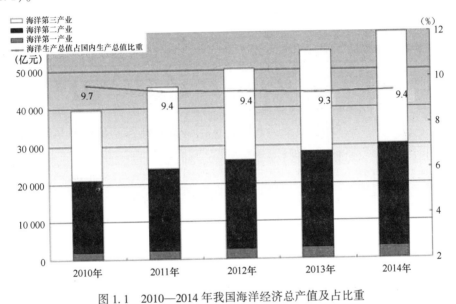

图 1.1　2010—2014 年我国海洋经济总产值及占比重

Fig. 1.1　Total output value of China's marine economy from 2010 to 2014

近年来，我国海洋产业部门不断增加，新兴海洋产业不断发展，海洋产业结构逐渐趋于合理，海洋产业内部结构不断优化。科技含量高的海洋高端产业，如海洋石油、海水增养殖、水产品加工等都有较快发展；我国海洋产品产量位于世界前列，海洋水产品总量、海盐产量、港口吞吐量等都名列全球之首；海洋油气业产值逐年增长，海洋船舶工业规模不断扩大，连续多年成为世界第三大造船强国；海洋科技贡献率不断提升，区域海洋经济综合竞争能力不断增强并且地区差异正在逐渐缩小等[4]。我国海洋经济的发展，已实现了较明显的转变，由单纯的海洋开发向海陆经济一体化开发转变，由单一海洋产业结构向三次产业协调发展转变，逐步形成现代海洋产业体系。

三、研究价值与实践意义

党中央、国务院对我国海洋经济工作给予了前所未有的重视。2010年10月通过的《中共中央关于制定国民经济和社会发展第十二个五年规划的建议》中明确提出，"坚持陆海统筹，壮大海洋经济，科学开发海洋资源，保护海洋生态环境，维护我国海洋权益，建设海洋强国……"，坚持陆海统筹，发展海洋经济，科学开发海洋资源，保护海洋生态环境，维护海洋权益，建设海洋强国。明确将海陆统筹纳入国家战略的范畴[5]。作为一个陆海兼备的国家，海陆经济相互补充，实施海陆经济互动便成为必然的战略选择。国内外研究也表明：单纯的海洋经济对国民经济的贡献有限，沿海地区应加强海洋经济与陆域经济的协同联动，发挥海陆产业的双向带动作用，实现海陆统筹发展[6]。大力发展海洋经济是我国从海洋大国变成海洋强国的前提和基础，海陆经济统筹是经济可持续发展的必然趋势。

从开发海洋到海陆统筹发展，我国海洋经济道路曲折却坚定。20世纪80、90年代，我国开展了全国范围内的海岸带、海涂资源、海岛资源的综合调查，初步摸清掌握了全国范围内的海洋资源储量与分布情况。1996年，我国颁布了《中国海洋21世纪议程》，提出了在可持续发展理念下的"海洋资源可持续利用与保护"行动准则与方案。2003年，国务院颁布了《全国海洋经济发展规划纲要》[7]，对于加强海洋资源开发与保护、促进沿海地区产业结构优化调整与经济合理布局、全面促进小康社会建设等有着重要意义。《全国海洋经济发展规划纲要》进一步明确"逐步把我国建设成为海洋强国"的战略目标，把海洋开发作为国家战略的重要组成部分。随后，党的十六大、十七大和十八大分别提出了"实施海洋开发"、"发展海洋产业"[8]、"建设海洋强国"[121]。为推进"东部率先"，高水平开发建设我国沿海经济带，国家先后把广西北部湾经济区、珠江三角洲、福建海峡西岸经济区、上海国际金融中心和国际航运中心、江苏沿海地区、天津滨海新区、海南国际旅游岛、辽宁沿海经济带等作为国家级重点发展地区，各地区都在谋划新时期海洋开发战略。在陆域资源环境制约日趋严峻的背景下，中国顺应全球海洋经济发展趋势，2011年提出了《山东半岛蓝色经济区发展规划》（2011年1月）、《浙江海洋经济发展示范区规划》（2011年2月）、《广东海洋经济综合试验区发展规划》（2011年8月），这标志着中国"3+N"的沿海经济区发展布局进入加速建设阶段。

我国是一个陆海兼备的国家，拥有丰富的海陆资源。在沿海200千米范围内，我国用不到30%的陆域国土，承载着全国40%的人口、50%的大城市、70%的国内生产总值、80%的外来投资和生产90%的出口产品。自1981年以来，我国海洋经济一直保持较快的发展速度，高于同期国内生产总值的增长速度，海洋产业部门不断增加，海洋经济总产值不断攀升。但是，伴随着一轮又一波的大规模开发、沿海地区经济的高速增长以及对海洋开发的不断拓展，我国海陆经济发展过程中在海陆产业协调发展、海洋产业结构优化、海陆资源环境与经济协调等方面都存在着诸多问题，最突出的表现是：①海陆产业互动关联性不强，产业结构对接错位比较大，不利于海陆资源的有效替代与互补；②海洋与陆地功能区不相一致，存在着海陆产业之间争夺生产空间等问题；③海洋产业自身结构低层次化、同构化明显，滞后于经济整体发展结构；④陆域经济活动造成近海水域环境恶化，海陆环境综合承载力不断降低等。随着沿海地区经济规模的不断扩大、空间布局的继续拓展、人口数量的持续增加，海陆统筹与经济协调发展，将成为沿海地区实现全面、协调、可持续发展的重中之重。这要求在发展海洋经济的过程中，必须正确处理海洋开发与陆地开发的关系，加强海陆之间互动与协调发展，促进海洋产业结构优化升级。本书研究的意义在于：

（1）海陆产业协调是实现我国海陆统筹战略目标的重要内容。海陆产业存在着一定关联与对应，海洋产业是依托于陆域产业而存在。由于海陆经济在资源禀赋上的差异性、发展阶段的梯度性、经济基础上的层级性，海洋与陆地之间存在着一种能量梯度，这种能量梯度会促使各种生产要素与能量在海陆网络间流动，加强了海陆经济间的关联性。在现实经济的发展中，海洋产业与陆域产业之间存在着较大的差异，二者之间的合作效应与竞争效应并存，海陆产业协调发展急需寻找新的途径来实现。海陆统筹要求海陆产业融合，通过海陆产业横向与纵向方面的整合，促使海陆产业的有机融合，提升沿海地区产业协调与综合发展能力。因此，促进海陆产业协调发展对于实现我国海陆统筹目标具有重要意义。

（2）海洋产业结构优化是推动我国海洋经济持续快速发展的有效路径。经济的发展过程是产业结构不断调整并优化升级的过程，在沿海地区经济发展过程中，海洋产业结构是非常重要的战略问题。产业结构与布局的合理与否，关系到海洋经济系统和生态环境系统整体功能能否发挥最佳效益和最佳作用。合理的海洋产业结构，获得的效益不仅是多个海洋资源开发效益的简单叠加，而且是多种海洋资源综合开发组合效果的总和[9]。合理的海洋产业结构是获得海洋整体效益的前提条件，是沿海地区经济持续健康发展的重要保证之一。

　　基于此，本书基于国家确立的"发展海洋经济"、"保护海洋生态环境"的战略部署与"坚持海陆统筹"的战略思路，探讨通过梳理海陆经济特征以及对海陆协调发展机制的分析，探讨海陆统筹的基本内涵、内容与目标，分析海陆产业协调发展机制与海洋产业结构优化的影响机制，选择构建海陆产业协调发展与海洋产业结构优化的方法体系，以辽宁省为案例，分析海陆统筹下海陆产业的关联程度与协调效率，研究基于投入产出的海洋产业结构优化问题，提出促进海陆产业协调发展与实现海洋产业结构优化升级的具体对策，对于丰富海洋经济学研究具有一定理论价值，同时对于实现海陆统筹战略背景下我国海陆经济协调发展、促进海洋产业结构优化升级、沿海地区海洋经济发展规划的编制等工作也具有一定的现实意义。

第二节　海陆产业统筹相关研究进展

一、海洋经济的相关研究进展

1. 国外研究与实践情况

　　世界沿海国家对海洋经济的研究随着实践的深入而发展，在海洋经济理论和方法上取得了较大程度的进展，美国、日本、韩国、加拿大、俄罗斯、英国等国家对海洋经济的研究程度较高。

　　美国。美国开展海洋经济相关理论和方法研究的历史较早，始于20世纪60年代。研究初期主要集中在海洋经济对国民经济的贡献、海洋经济发展远景预测等方面。1994年后，研究重点转移到实用性较强的区域层面海洋经济问题上来，主要通过采用定量分析的方法，探讨海洋经济的就业与收入等。其中，哥伦比亚大学的 Pontecorvo 和 Wilkinson 等提出的海洋经济对国民经济贡献划界标准具有很高的代表性[10]；Colgan 和 Plunstead 等采用区域经济或就业产出评估模型，以多个区域层面的某些特定海洋产业为研究对象，探讨了海洋产业对区域经济的贡献和影响[11]。1999年，美国实施"国家海洋经济计划"，并成立海洋经济计划国家咨询委员会，开始逐步建立海洋经济信息库，在海洋经济理论与方法等方面获得了一定进展，如界定了海洋经济和海洋产业等基本概念，明确了海洋经济的范畴与理论界定标准，通过海洋资源价值核算、评估分析，评判统计各地区海洋事务的政府支出，用较准确的数字提高对海洋经济价值的认识等[12]。此阶段，投入产出法、回归法等研究方法被广泛应用于海洋产业定量化研究中。20世纪80年代以来，美国制定了多个全国性的海洋科学技术发展规划纲要，如《2000年美国海洋资源专题研究》、《1995—2005年海洋战略规划》以及《极地科学规划》、《海洋行星意识计划》等。1998年，美国提出9项开发、保护和恢复美国重要海洋资源的建议。2000年，美国通过《2000年海洋宪法案》，成立了国家海洋政策委员会。美国再次把海洋问题上升到国家利益高度，制定迈向21世纪的美国国家海洋政策。2004年，美国公布了《美国海洋行动计划》，对落实美国《21世纪海洋蓝图》提出了具体措施[13]。

加拿大。加拿大1970年发布了《加拿大海洋的展望》，开展海洋产业发展以及海洋经济对国民经济贡献等领域的研究，如在1985年，加拿大开展了针对海上娱乐性钓鱼活动情况的专项统计调查，以评价娱乐性渔业对经济和社会的影响[14]。2000年以后，加拿大海洋经济的研究重点主要集中在海洋经济可持续发展、海洋综合管理等方面，较有影响的研究成果，如《加拿大海洋产业对国民经济贡献》、《加拿大海洋产业经济研究》等，提出了海洋经济与海洋产业的定义，讨论了划分海洋产业以及涉海产业的分类方法与标准，探讨了适用于涉海产业相关数据资料的研究方法，从理论和数据两个方面定性和定量地研究了加拿大海洋经济对国家经济的贡献。2002年，制定了《加拿大海洋战略》[15]，其要点是坚持一个方法，即在海洋综合管理中坚持生态工程方法；重视两种知识，即现代科学知识和传统生态知识；坚持三项原则，即综合管理原则、可持续发展原则和预防为主原则；实现三个目标，即了解和保护海洋环境，促进经济的可持续发展，确保加拿大在海洋事务中的国际领先地位；加强四种协调，即政府各部门之间的协调，各级政府之间的协调，政府与产业界之间的协调，以及政府、产业和民众间的协调。

欧洲国家。20世纪60年代以来，英国对北海油田进行勘探开采，并在开发利用油气资源的同时保护海洋环境，划定了42个地区为保护区。1986年制定了《海洋财富计划》，目的在于促进与海洋调查、开发和管理有关的先进技术研究，与此同时提出了20世纪90年代国家海洋科技的重点。法国在海洋发展战略上一直贯彻"核威慑和常规打击"的相关。法国拥有100多个海洋研究机构，其中海洋开发科学技术协会由100多家公司组成。在完善海洋管理体制的同时，法国实施了两个名为"海洋"的研究与发展规划。《1996—2000 年法国海洋科学技术战略规划》的要点是沿海环境研究，海洋生物资源开发，深海洋底矿物质勘探，海洋与气候之间关系的研究等。俄罗斯提出"俄罗斯只有成为海洋强国，才能成为世界大国"，明确提出海军的任务是在海洋方面维护国家的安全，保障国家的海洋经济权益，维护海洋强国地位，保护世界大洋上俄罗斯的经济利益[17]。

韩国。韩国多年来对海洋经济的研究一直都很重视。早在 1965 年的时候，韩国就成立了海洋学会，1973 年，韩国设置海洋产业部和经济研究室的海洋研究机构。20 世纪 80 年代，韩国制定并实施了第二次的"国家综合开发计划"，研究提出了海洋开发重点及其主要任务，把海洋开发纳入到国家综合开发体系当中。1996 年，实施了"海洋开发基本计划"，针对海洋产业、海洋技术以及海洋环境保护等综合发展的各方面问题作出规划与部署。21 世纪初，韩国发布了《韩国 21 世纪海洋》，以建设成为超级海洋强国为努力目标。

日本。日本的经济和社会发展高度依赖海洋，20 世纪 60 年代开始推行"海洋立国"战略。日本政府设立海洋开发审议会，为最高咨询和决策机构，提出海洋环境保护和海洋开发利用同等重要的主张，这些主张与措施使得日本海洋经济迅速发展，逐渐形成了以海上交通运输、船舶工业、海洋生物医药、海洋装备工程等高端海洋产业为支柱的现代海洋产业结构。20 世纪 70 年代后期，日本开始更加关注海洋渔业和海上交通运输业两个产业的研究，后来逐步将研究重点集中在产业经济上，如对船舶工业、海洋渔业、海上油气和海底矿物勘探、海洋能发电、海洋工程等方面[18]。1990 年，日本颁布了《海洋开发基本构想及推进海洋开发方针政策的长期展望》，确定了海洋开发的原则。2002 年日本制定了《21 世纪初的日本海洋政策》。日本前首相中曾根康宏撰写了《海洋国家——日本的大战略》，将 21 世纪的日本定位为海洋国家。2008 年，日本制定并发布了《海洋基本计划草案》，提出了推动海洋开发的各项政策措施，将日本海洋经济的发展规划以法律形式加以推进。

国外研究进展总结。通过以上总结可以看出，诸多发达国家对海洋经济的研究与实践探索，促进全球海洋经济的进一步发展。总结来看，其对海洋经济的研究，大都是从经济学角度入手，借鉴成熟的经济学理论与方法，加入一系列更精确、更实用的数学计量模型手段来研究海洋经济问题，定性与定量化相结合的方法使其研究更加科学与实用。从理论层面来讲，国外虽然一般不常用海洋经济和海陆统筹的概念，但都把海陆产业联动发展作为国家发展战略来考虑，其研究重点主要集中在：①在全球工业化背景下，研究海洋生物水产资源、海洋交通运输等海洋产业部门的结构特征、组织形式以及产业工业化过程等，关注重点海洋产业的发展与布局；②探讨沿海地区海岸、海岛资源环境的脆弱性与适度开发、海洋渔业资源可持续利用、构建海洋保护区及其区划工作，以实现海岸带资源可持续利用；③探讨海岸带和海洋的综合管理以及综合决策的支持方法模型，力争通过部门间协作，形成解决海岸带地区发展问题的有效决策机制等。

2. 国内研究现状

国内对海洋经济的研究开展较早。20 世纪 70 年代末，我国著名经济学家于光远等提出了"要建立海洋经济学科和专门研究机构、开展海洋经济研究"的建议，以适应我国海洋事业发展的需要[19]。随后，伴随着我国海洋开发的逐渐深入与多元化，海洋经济研究逐渐发展成为一门综合交叉的新兴学科，涉及地理学、区域经济学、资源环境学、数量经济学等多学科内容。目前，国内对海洋经济的研究主要集中于海洋经济的概念界定、海洋资源开发与可持续利用、海洋产业结构与布局、海洋经济统计与核算、海洋生态环境保护、海陆一体化建设、海洋经济可持续发展战略等方面。

（1）概念内涵研究。1978 年，"海洋经济"这一概念首次在全国哲学和社会科学规划会议上提出，同时对海洋经济的概念内涵进行了界定，拉开了国内海洋经济理论研究的序幕。随着海洋经济实践的深入及其研究的进一步深化，海洋经济内涵范畴也在不断扩充。1984 年，国内海洋经济研究的先驱之一杨金森先生，从外延角度将海洋经济界定为"海洋经济是以海洋为活动场所和以海洋资源为开发对象的各种经济活动的总和"[20]。随后，权锡鉴和徐质斌等学者从海洋经济的内涵、外延以及发展过程等切入点，对海洋经济的概念内涵进行探讨[21]。2003 年，国务院发布的《全国海洋经济发展规划纲要》对海洋经济的定义，是目前为止对海洋经济内涵概括界定最为权威的表述，即"海洋经济是开发利用海洋的各类产业及相关经济活动的总和"[7]。

（2）海洋资源开发与可持续利用。在可持续发展理论指导下，该研究领域主要针对海洋资源评价、开发模式及其开发规划、海洋资源资产化管理、海洋生态环境保护等方面。具有代表性的研究成果有：梁喜新等[22]（1993）研究了辽宁省海岸带资源评价、海岸带资源分类与海岸带分区、海岸带资源开发布局等问题；韩增林等[23]（1996）研究了我国海水资源利用问题；张耀光等[24]（2002）研究了渤海海洋资源特点与利用方式等问题；李悦铮[25]

（2000）对辽宁沿海旅游资源进行了研究。近期以来，国内学者尤其是海洋经济地理学者非常重视对海洋资源与环境保护等问题的研究，主要针对海岸带资源评价与开发趋势研判、海岸带生态环境脆弱性评价与保护、海岛资源开发与产业布局、海洋自然灾害影响评估以及海洋资源环境承载力等问题。具有代表性的研究成果有：韩增林等（2004，2006）对海域承载力的概念模型、基本特征、评价指标与方法进行了探讨，并采用供需平衡法、状态空间法等对辽宁省海洋水产资源承载力与海域承载力进行了定量化探讨[26-29]；韩立民等（2008，2009）对海域承载力的内涵、海域承载力与海洋产业的关系、海域承载力研究进展等进行了研究[30-31]；刘康等（2008）对海域承载力本质与内在关系、海岸带承载力影响因素与评估指标体系进行了研究[32-33]；李志伟等[34]（2010）采用状态空间法对河北近海海域承载力进行了研究；马彩华等[35]（2009）对海域承载力与海洋生态补偿的关系进行了研究；付会[36]（2009）对海洋生态承载力进行了研究；曹可[37]等（2012）利用多层次模糊综合评判法对辽宁省海域承载力进行了评价等。

（3）海洋产业与布局。对海洋产业与布局的研究，主要体现在对具体海洋产业现状评价与比较、海洋产业发展面临形势、问题与前景预测、海洋产业布局类型与优化等方面。广东海洋大学陈可文教授[38]（2001）以广东省为研究案例，分析了海洋产业分类、海洋产业类型及其变化轨迹，提出了海洋产业结构合理化的具体政策措施。王长征等[39]（2003）从我国海洋经济开发条件入手，评价了我国海洋经济发展现状及问题，结果显示海洋资源开发利用方式不合理、生态问题严重、海洋自然灾害频发等是我国海洋经济发展中的主要问题。刘明等[40]（2004）采用多种数学模型，分析预测了我国21世纪初的海洋经济发展规模前景，为指导我国海洋经济发展目标的制定提供了参考。国家海洋局海洋经济发展战略研究所的"中国海洋经济发展趋势与展望"课题组，在2005年采用计量经济模型和灰色系统预测模型等数理方法，分析预测了我国海洋产业未来发展的基本趋势、规模水平等[41]。除此之外，部分学者和研究人员对不同尺度空间范围的海洋经济进行了区域差异研究。张耀光等（2005）[42]积极将计量地理学中的方法引入到海洋经济地理研究中，其中以区域空间差异分析的方法定量评价了我国沿海各省海洋产业的集聚与扩散程度，探讨了海洋经济发展机制并提出相关对策。栾维新等[43]（2005）提出政治与政策、自然禀赋条件等因素影响海洋经济发展水平，而海洋经济发展水平影响着国民经济整体水平。刘容子等[44]（2007）研究了烟台市海洋经济发展战略。张耀光[45]（2009）研究了辽宁省主导海洋产业的选择问题。王丹等[46]（2010）研究了辽宁省海洋经济产业结构及空间模式演变。

（4）海洋经济统计与核算。海洋产业分类与界定是海洋经济统计与核算工作的基础。该研究领域主要集中在海洋经济统计与核算的基本原则、涵盖指标、核算方法等。1990年，国家海洋局制定《海洋统计指标体系及指标解释》，确定包括海洋渔业、海滨砂矿业、海洋油气业、滨海旅游业、海洋盐业、海洋交通运输业等6大海洋产业为主体的统计指标体系，为海洋经济统计工作的顺利推进奠定了基础。1997年，国家海洋局实施了《海洋综合统计报表》。到1999年，国家海洋局又颁布实施了海洋行业标准——《海洋经济统计分类与代码》，有效管理和分类构建海洋产业体系。2001年，在原统计体系的基础上，又增加海洋化工业、海洋工程建筑业、海洋电力业、海水利用业、海洋生物医药业和其他海洋产业等6个海洋产业部门的统计，统计产业部门总数扩大到了12个。2004年，国家海洋局首次发布了《中国海洋统计公报》，对包含海洋渔业等在内的多个海洋产业部门进行综述总结。2006年国家海洋局启动了海洋生产总值核算统计工作，开始核算全国范围内的海洋生产总值。从学者研究来看，何广顺[47]（2006）在其博士学位论文中，提出了系统的海洋经济核算基本原则与主要指标，研究了海洋生产总值（GOP）的核算方法与具体步骤，促进了海洋经济统计与核算的理论研究与实践工作。

（5）海洋经济可持续发展战略。伴随着一轮又一波的海洋开发浪潮，海洋经济自身发展中的各种矛盾与制约也逐渐体现出来，特别是海洋资源破坏与生态环境恶化问题日益严重，实现海洋经济可持续发展成为海洋经济发展的主要目标。20世纪90年代以来，针对海洋经济可持续发展问题，我国提出了许多新的思路并做出了许多重要部署。在1994年颁布的《中国21世纪议程》中，包含有"海洋资源的可持续开发与保护"的重要内容。1996年颁布《中国海洋21世纪议程》，重点提出了可持续发展理念下的海洋资源可持续开发与海洋经济可持续发展问题。1998年发布的《中国海洋事业的发展白皮书》中提出把海洋事业的可持续发展作为我国一项基本战略。2003年，国务院批准实施《全国海洋经济发展规划纲要》，对于我国加快海洋资源可持续利用、实现海洋经济可持续发展等都具有重要意义。研究学者主要针对海洋经济可持续发展思路与对策、海洋经济可持续发展评价、海洋经济可持续发展战略、海洋经济可持续发展规划、海陆一体化建设、海岛与沿海区域经济可持续发展等方面。张耀光[48]（2001）研究了辽宁省海洋区域经济布局机理及其可持续发展问题；杨荫凯[49]（2002）提出了 21 世纪初我国海洋经济发展的基本思路；杨金森[50]（2004）从海洋与经济、政治、军事和全球环境之间所具有的重要战略意义角度，阐述了中国建设成海洋强国的战略意义；张耀光等[4]（2006）针对我国海洋经济可持续发展的基础与潜力、发展思路等方面做过探讨；栾维新等[51-52]（2006）对海洋经济规划的区域类型与特征、海洋功能区划、海陆一体化建设等展开过详细研究，并还对长山群岛区域发展的地理基础与差异因素做过深入研究。

二、海陆统筹的相关研究进展

国内学者首先提出海陆统筹的概念，国外对海陆统筹的相关研究多集中在海岸带综合管理战略上。开始形成于 20 世纪 70 年代初期的海岸带综合管理研究，目前已成为区域海洋经济中比较成熟的研究内容。海岸带各种资源的开发利用是相互联系的，仅仅依靠行业的单项管理已不能解决相互之间的矛盾，需要重视部门间协调与协作，用综合的视角来管理海岸带。可以看出，海岸带综合管理中其实质就含有海陆一体的思想。C. L. Mitchell 研究了加拿大国家海洋战略与可持续发展管理框架，R. J. Rutherford 等分析了海洋综合管理和协同规划过程，By-ron Blake 研究了加勒比海可持续发展管理与规划，Bili-an Cicin-Saina 等研究了整合海洋与海岸带的自然保护区管理实践等[53-59]。总体上来看，外国文献中所研究的海岸带综合管理并不等同于海陆统筹或者海陆一体化。海岸带综合管理更多的是基于海岸带系统内的自然、社会及政治的相互联系，对海岸带资源和环境进行综合规划和管理，关注生态问题，致力于海岸带法律制定与有效管理方面的研究。

国内对海陆统筹发展问题的研究成果颇丰，一些学者根据海陆产业之间的关联性与互动性特征，研究了海陆产业一体化发展的理论基础、海陆产业一体化发展的关联模式与程度、海陆产业一体化的政策体系等内容，逐步形成了实现海陆统筹的观点。张海峰[60]（2004）针对经济发展中的陆域资源逐渐枯竭、生态环境恶化等问题，提出了坚持科学发展观，实现"海陆统筹、兴海强国"的战略思路。张登义、王曙光（2005）在全国政协提案中提出"应将海陆统筹纳入国民经济与社会发展'十一五'规划当中"。丁德文院士等[61]从人海关系角度阐述了区域发展的海陆协调、统一发展等问题。张耀光等[62]认为：海洋经济和陆地经济发展分别具有相对独立性，但二者之间又有分工与合作，海陆产业结构呈现综合、多元和开放的特征。栾维新等[63]认为："海陆统筹"强调以陆域产业、技术、资金等为依托，以陆域空间为腹地和市场，发挥海洋产业的辐射和带动作用，促进海陆经济的协调发展。李义虎[64]（2007）提出中国作为海陆兼备的临海大国，应采取海陆统筹全方位选择，并从战略上消解海陆二分的现实。殷克东[65]等（2008）提出了强化海陆经济内在关联性的"联动、和谐、创新"的六字发展方针。叶向东[66]（2008）探讨了海陆统筹的理论问题，提出了海陆统筹发展的思路与发展战略体系。卢宁等[67]（2009）构建了海陆经济一体化发展理论体系，其内容包括海陆产业关联、近岸海域污染一体化调控和海岸带区域空间结构三个方面。韩增林等[68]（2009）从人海关系入手，利用复合生态系统建立了海陆复合生态系统，建立了海洋循环经济发展模式。鲍捷等[69]（2011）从海陆统筹的战略性、系统性、综合性出发，提出利用地理学理论处理宏观问题，从区域综合性、系统性以及空间规模尺度角度对海陆统筹战略进行了深入研究。孙加韬[70]（2011）基于海陆产业关联度影响因素的分析，研究我国海陆一体化发展的产业政策等。此外，还有许多学者针对海陆一体化及海陆统筹问题进行了探讨[71-79]。

国内外研究成果对进一步开展海陆统筹研究奠定了基础。虽然众多学者对加强海陆综合开发已达成共识，但在海陆统筹背景下对海陆经济协调持续发展的研究尚不多见，整体上看还存在一些需要加强研究的领域。

（1）目前对海洋经济的研究只是把陆域经济规律简单地向海延伸，缺乏对海陆复合系统内部机制的深入探讨，在海陆统筹背景下对海陆经济互动协调机制的研究尚不多见。

（2）目前的研究多局限于现有体制框架和陆域经济区划范围内，对当前社会、经济、科技发展背景的考虑，特别是在我国构建和谐社会目标下，对海陆经济协调持续发展的运行机理、模式与路径等论证不足。

（3）目前的研究成果多呈零散性与非系统性，研究多针对某一具体产业或者某一具体微观区域，或是研究国民经济体系中的沿海区域经济问题，对海陆经济系统内的各种关联性与复杂性，特别是在海陆统筹背景下如何实现海陆经济系统的协调研究较少。

（4）定性研究较多，尚未建立海陆经济协调持续发展的分析与评价模型，在一定程度上影响了对海陆经济协调持续发展能力的总体判断与认识。

第二章　海陆产业统筹的基本理论

第一节　海陆经济特征及其相关研究概况

一、海洋经济与陆域经济

1. 海洋经济与陆域经济的基本概念

以经济发展的空间属性作为划分标准，全球经济系统可以分为陆地经济和海洋经济两个部分。作为人类生活与生产主要空间场所的陆地，一直是经济社会发展的空间载体，先于海洋经济得到发展。从人类社会产生之日起，陆域经济形式就随之产生，可以说 20 世纪以前的经济系统指的就是陆域经济。按照经济发展空间区域的差异，陆域经济是指相对于海洋经济空间而言，以陆域为主要经济发展的空间载体，以陆域资源为对象而进行的各种经济活动。陆域经济先于海洋经济得到了发展，在陆域科技水平提升以及陆域资源环境矛盾等背景下，逐步向海洋经济延伸。

人类有目的地开发和利用海洋的历史也很悠久，但是晚于陆域经济。直到 20 世纪中期后，人类才逐步开始涉足海洋，研究如何利用海洋资源。法国人最先提出了"向海洋进军"的口号，成立海洋研究中心研究开发海洋。此后，英、美、加等国也积极向海洋进军，实施海洋开发研究并制订利用海洋计划。随着对海洋开发的不断深入与拓展，海洋开发中面临的科学问题也逐渐增多，研究海洋经济发展问题成为学术研究的重要领域，"海洋经济"这一概念术语也越来越多地被提及并被广泛应用于学术研究中。目前，海洋经济的内涵和外延尽管已探讨了 30 多年，但国内外学术界仍未形成统一的认识，国外只在少数的涉海经济研究中使用海洋经济这一术语。例如，美国 1999 年实施的"全国海洋经济计划"将所有涉海经济分为海洋经济和海岸带经济两类，其中对海洋经济的界定是指包括美国全部国土或是其中部分来源于海洋或五大湖的资源投入的所有经济活动。对海岸带经济的界定则是认为海岸带经济是一个区域概念，比海洋经济包含的内容更宽更广泛，不仅包括海洋经济活动，也包括许多非海洋内容的相关经济活动。

学术界对海洋经济的内涵也存在着许多不同认识。杨金森[50]认为："海洋经济就是以海洋为活动场所和以海洋资源为开发对象的各种经济活动的总和。"徐质斌认为："所谓海洋经济，就是产品的投入与产出、需求与供给，与海洋资源、海洋空间、海洋环境条件直接或间接相关活动的总称。"徐质斌在其主编的《海洋经济学教程》[80]中认为："海洋经济是活动场所、资源依托、销售和服务对象、区位选择和初级产品原料对海洋有特定依存关系的各种经济活动的总称。"张海峰认为："海洋经济包括为开发海洋资源和依赖海洋空间而进行的生产活动，以及直接或间接为开发海洋资源及空间的相关服务性产业活动，这样一些产业活动而形成的经济集合均被视为现代海洋经济范畴。"张耀光认为："海洋经济是以海岛、海洋为活动场所，以海洋资源和海洋空间为开发对象，以海洋科学技术为开发手段所进行的各种经济。"韩立民认为："海洋经济是指在一定的制度下，通过有效保护、优化配置和合理利用海洋资源，以获取社会利益、环境利益和自身利益最大化为目的的各种社会实践活动的总称。"陈可文[38]认为："海洋经济是以海洋空间为活动场所或以海洋资源为利用对象的各种经济活动的总称，海洋经济的本质是人类为了满足自身需要，利用海洋空间和海洋资源，通过劳动获取物质产品的生产活动。"

经过比较可以看出，海陆经济划分的最根本依据是开发和利用资源的空间位置和资源对象的差异。海洋经济，是指以海洋、海岸带或海岛为空间活动场所，以海洋资源为开发利用对象，发生的所有经济活动及其相关活动的总称。

2. 海洋经济的特点

海洋经济和陆域经济是相对应的概念，海洋经济是人类经济活动的一部分，但由于其开发利用资源的空间位置和资源对象有别于陆域经济活动，因此具有与陆域经济不同的特征。

（1）海洋经济系统的综合性。海洋是一个永不停息的运动水体。从垂直方向看，海洋水面、水中和海底组成同一海域。而从水平方向来看，海岸带、海域和海底大陆都是贯通的并连为一个整体。海洋资源开发中，各区域之间、各行业之间、各微观经济体之间，都可以凭借海水的连续与贯通，架设以海洋水体为纽带的特定联系，打破空间距离的限制，构成了一个多层次、复合型的综合经济体系。

（2）空间结构的海陆交互性。由于海洋资源的多样性和海洋与陆地的依存关系，海洋经济的空间结构往往呈现海陆交互的折扇形结构。即每一个海洋资源开发区都与沿海的陆地有着多线的联系，这种联系往往是通过沿海航运交通中心（港口城市）实现的。如珠江口渔场，同时又是石油气开发区、航运港口开发区和海洋旅游开发区，多种资源的海域就同时与陆上的渔业、航运业、油气业和旅游业形成依存关系，从而演变为产业经济区，这个产业经济区的内部空间结构呈现为海陆交互的折扇形。

（3）海洋经济活动具有复杂性。从活动场所上看，海洋开发活动既发生在海岸带地区，也发生在近海和远洋，同时发生在海面、水体和海底。广阔而且复杂的海洋环境，使海洋经济活动必定具有高技术、高投资、高风险等特征。人类的生活生产活动主要在陆地，海洋活动还相当大程度上受着海洋自然条件的限制。由于丰富的海洋资源广泛分布于海水当中或者分布在海底地区，导致了对海洋资源的开发难度加大，海洋经济活动变得更加复杂，需要靠发达的科学技术和高额的资金投入才能得以进行。

（4）生产要素的开放性。海洋四通八达的天然运输航道，通过能力大，分摊于单位重量货运的运输成本减少，运费就相对低廉的优势成为国际贸易史中最广泛的运输方式，成为配置资源、调整区域产业结构的重要部分。在对外开放方面，沿海区域充分利用其地理位置、港口交通及开放政策优势，直接与国际市场联系，使沿海地区成为对外联系的重要窗口和进出口门户。在对内开放方面，沿海地区利用其背靠大陆，对内辐射力较强的优势，一方面把引进、消化、吸收的国外先进科学技术和管理方法向内地转移，以推动内地的技术进步和管理水平的提高；另一方面，充分利用内地的资源和劳动力来发展沿海区域经济，通过各种"内联"方式，带动内地经济的发展。

（5）产业结构演变的独特性。海洋产业结构的演变滞后于陆域产业，陆域产业第一个发展阶段的特征是第一产业大于第二产业，第二阶段则表现为第二产业高度发达。而海洋产业进入第二个发展阶段后，则表现为第一、二、三产业结构比重相近的情况，即海洋第一产业仍占有相当大的比重。例如，1990—1998年9年间，我国海洋第一产业（即海洋渔业）一直占海洋产业总值的30%以上，1995年以前，则高达50%以上。而同期在我国沿海陆地产业中，第一产业占总产值的比重却一直低于13%。海洋产业与陆域产业出现结构性差异的深层次原因在于建立海洋工业体系的难度较大，技术水平要求高，因而造成海洋产业滞后于陆域产业发展。直接从海洋中摄取产品的海洋捕捞业等第一产业，以及可直接利用海域空间的海上运输业和旅游业等，都较容易形成产业规模。而海洋工业是技术密集型的高科技产业，表现出对科技和陆域相关产业的强烈依赖性。同时，由于海洋严酷的环境条件制约，海洋工业对上述产业的材料性能和技术要求也比陆地相应的部门苛刻得多。总之，多种因素导致了海洋产业中的第二产业比重较低。

（6）资源环境的公共性与国际性。海洋水体的流动性，加之海洋生物生理迁移等特性，决定了海洋资源环境具有公共性与国际性特征。海洋资源成为沿海国家地区共同拥有的自然资源，而公海和国际海底则是世界各个国家发展的自由区域和全人类的共同财产，其环境也具有公共性和国际性特点。

3. 海洋经济与陆域经济的联系

海洋产业与陆域产业之间是密切联系的。海洋开发活动是陆地经济活动的延伸，在海洋开发初期，许多海洋产业是融于陆域产业体系中的，只是随着海洋开发进程的深入，海洋产业群体日益成熟，各项海洋开发活动之间建立起纵向链状关系和横向交叉关系，它们相对于陆域经济的特征初步显现。由于海洋开发的深入，海陆关系越来越密切，海陆之间资源的互补性、产业的互动性、经济的关联性进一步增强，海洋经济发展中的制约因素，只有在与陆域经济的互补、互助中才能逐步消除和解决。因此，只有统筹海域与陆域的发展，统筹海洋开发的国内区域合作和国际合作与竞争，才能使技术、资源、人才、资金得到合理配置与有效利用，在各种要素的组合过程中，空间选择范围扩大，要素组合更加优化，才会对现存的经济资源进行重新合理配置，海洋经济才能产生最佳的配置效益，取得更大增长。海陆经济间的密切联系具体表现在：

（1）海洋产业与陆域产业具有空间的相互依赖性。进入21世纪，陆域产业的发展已经面临能源、矿产资源、水资源的匮乏，急剧膨胀的人口也面临食物和生存空间的危机。海洋中的海底矿物、能源储量和食物蕴藏量远比陆地丰富，而且地球表面的百分七十是海洋，并且是一个立体化的空间，海洋资源和海洋空间已经成为陆域产业和人类发展的前景基地。同时，海洋产业活动对沿海陆地空间有较强的依赖性。在海洋开发活动中，诸如海洋捕捞、海上运输、海洋油气开采、海洋矿产开发和海水养殖等，是需要在海域完成一些生产环节，并在沿海陆地完成其余环节的产业活动；另一类是海盐业和海水利用等，则是完全在陆地完成所有环节的产业活动。

（2）海洋产业与陆域产业之间具有较强的技术经济依赖性。沿海地区陆地产业的发展对海洋资源和海洋空间表现出越来越强的依赖性。由于人口的不断增加和人均消费水平的提高，特别是由于人口、产业和其他生产要素向沿海地区的高度集聚，使沿海地区面临更严重的能源、资源、水源、环境、粮食和生存空间等方面的危机，而海洋资源在缓解上述危机方面则拥有巨大的潜力。海洋资源已经成为人类进一步开发的主要对象，海洋空间则成为人类拓宽生存空间的主要方向。从陆地空间开发向海洋空间开发的推移过程，突出反映了科技手段的重要作用，主要表现在科学技术的发展增强了人类征服海洋、开发海洋的能力，科学技术成果广泛应用于海洋经济领域，使海洋资源开发利用及生产加工趋向"陆地化"；世界各国对海洋国土观念已经形成新的共识，即维护国家海洋权益，需要具备强大的国防科技力量。海洋新兴产业的建立正是开发利用陆地资源的高新技术扩散与传播的结果，在此过程中，海洋产业与陆域产业通过互动延伸均取得了良好的经济效益。

（3）海洋开发与陆域经济发展之间具有强相关性。海洋开发的动力首先来源于国民经济建设上的需要，海洋油气资源、海水淡化的开发均源于陆地生产过程中的能源和水资源的需求，海洋交通运输业的发展动力也直接来源于国家外向型经济发展的需要。其次，海洋经济发展的程度与国家和地区的经济实力之间有很重要的关系。而且海洋经济与国民经济发展程度的排列顺序基本趋于一致，即海洋经济越发达的区域，其现代化程度越高，反之亦然。这正说明海洋经济与沿海地区国民经济是互为依托、互相促进的。

（4）海洋的纽带作用影响着国家（地区）的工业布局和产业结构。海洋是联结世界的纽带，第二次世界大战后，沿海国家均出现了工业向沿海地区转移的趋势。利用海洋的纽带作用和廉价的海运优势，在沿海地区发展冶金、化工、钢铁等用水量大、原材料需求量大的产业部门，同时建立临海工业区。作为国民经济的基础产业，港口是维系整个社会再生产正常运转的重要环节，在很大程度上影响着一个城市甚至港口腹地经济的发展。海洋区域经济建设要以港口为轴心，以海域和海岸带为载体，以港兴城。以海促陆，以陆兴海，陆海一体，梯次推进，全面发展。通过港口的集聚与扩散作用，带动内地的经济发展和技术进步，是沿海国家实现海洋经济与陆地经济接轨最有效的方式。

二、海洋产业分类

伴随着海洋的大规模开发，对海洋经济与海洋产业的研究工作也随之展开。按照2003年《全国海洋经济发展规划纲要》的界定，海洋经济指的是"开发利用海洋的各类产业及其相关活动的总和，海洋产业是开发利用海洋资源所进行的生产和服务活动，是人类开发利用海洋资源，发展海洋经济而形成的生产事业"。根据徐质斌等编著的《海洋经济学教程》[80]（2003），按海洋产业的属性可分为五类产业，即海洋第零产业、海洋第一产业、海洋第二产业、海洋第三产业和海洋第四产业。其中：

海洋第一产业包括海洋渔业、海水灌溉农业、海底林业等；

海洋第二产业包括海洋水产品加工业、海洋装备制造业、海洋矿产业、海洋化工业、海洋药物工业、海洋电力工业、海洋空间利用和海洋工程等；

海洋第三产业主要有商业、海洋交通运输业、滨海旅游业、金融保险业、海洋服务业等；

海洋第零产业是对海洋第一、二、三产业划分法的延伸，是从事海洋资源生产、再生产的物质生产部门，可分为资源勘探业和资源再生业两类；

海洋第四产业也是对海洋第一、二、三产业划分法的延伸，是以高技术、高知识和高产出为特征，为海洋开发提供信息服务，开发利用海洋信息从而促进海洋生产力发展，创造物质财富的智力产业，如在海洋遥感、水声技术、海洋电子仪器（海洋卫星）等方面快速发展的海洋电子信息产业。

按照国家海洋局海洋产业分类体系相关研究成果，海洋产业及其分类构成见图2.1。

由海洋经济结构体系可以看出，海洋产业和海洋相关产业构成海洋经济体系，海洋产业主要由海洋渔业、海洋盐业、海洋油气业、海洋船舶工业、海洋工程业、海洋化工业、海洋交通运输业、海水利用业、海洋生物医药业、海洋矿业、海滨电力业和滨海旅游业等组成，以及与主要海洋产业联系密切的海洋科研、管理、环保、服务、教育等产业构成[81]。

三、海洋产业结构及其演进理论

1. 海洋产业结构的含义

按照产业经济学理论，"结构"一般是指事物的各个组成部分之间的比例及其组合关系，而产业结构是指经济体系中各个产业之间的比例及其组合关

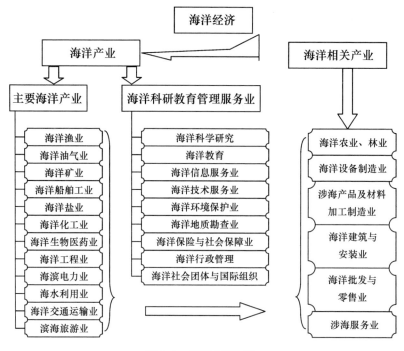

图 2.1　海洋经济结构

Fig. 2.1　The structure of marine economy

系[82]。产业组织理论的创始人贝恩认为产业结构是指产业内部的企业关系，日本将"产业结构"用来概括产业之间的结构与比例关系。随着产业经济研究的进一步深入，产业结构的概念及其研究领域也逐步界定并被广泛接受。目前普遍认同的产业结构是专指各个产业之间的结构关系，根据产业结构内涵和外延的不同，产业结构研究又有"广义"和"狭义"之分[83]。其中狭义的产业结构，主要包含产业类型、方式组合、发展程度及其地位等内容；广义的产业结构除了包含狭义产业结构的内容之外，还包含产业之间在数量比例上的关系，在空间分布上的关系等内容。

根据海洋产业结构概念的相关研究成果，本书所界定的海洋产业结构，是指在海洋产业分类的基础上，各海洋产业部门之间的比例构成，以及他们之间相互依存、相互制约的关系。海洋产业结构是海洋经济的基础，它反映了海洋资源开发中各产业构成的比例关系。按不同分类标准，海洋产业结构构成表现出不同的形式，也从不同侧面反映出海洋产业的基本内容。

2. 海洋产业结构的分类

根据海洋产业分类的不同，形成了不同类型的海洋产业结构，主要有三次海洋产业结构、部门的海洋产业结构，传统与新兴海洋产业结构、地区的海洋产业结构。

（1）一二三次海洋产业结构。

我国现有的多门类海洋产业已经形成了一定的产业结构。按照国家海洋局公布的行业标准及海洋产业分类体系，与国民经济行业分类相对应，可以将海洋产业归纳划分为海洋第一产业、海洋第二产业、海洋第三产业。其中，海洋第一产业主要是指除去海洋水产品加工以外的海洋渔业，包括海水养殖和海洋捕捞；海洋第二产业包括以海洋资源和海洋产品为生产对象进行加工再加工的海洋水产品加工、海洋盐业、海洋油气开采、船舶修造、滨海砂矿、海洋化工、海洋电力与海水利用、海洋生物制药、海洋渔具和渔具材料、海洋运输装备制造、海洋工程建筑等海洋产业；海洋第三产业包括为海洋其他产业生产活动服务的海洋交通运输、滨海旅游、海洋科研、海洋教育、海洋信息服务业和海洋管理等内容。

按照三次产业在海洋产业总产值中的比重和所处地位的不同进行排序，越是排在前面的产业占比越大、地位越重要。根据这种方法，海洋产业结构可分为"123"型、"213"型、"231"型、"132"型、"312"型和"321"型六种类型（其中 1 代表海洋第一产业，2 代表海洋第二产业，3 代表海洋第三产业）。在图形上表现为金字塔形、鼓形（橢圆形）、哑铃形（工字形）和倒金字塔形等四大类型，如图 2.2 所示，在图形中所占面积的大小，表示各产业在海洋产业总产值中所占的比重的多少。

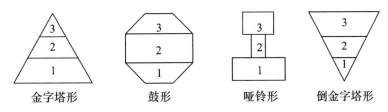

金字塔形　　　鼓形　　　哑铃形　　倒金字塔形

图 2.2　三次产业构成不同的海洋产业结构类型

Fig. 2.2　The marine industrial structure by three industries constitute

所谓金字塔形结构，也就是"123"型结构，是指海洋第一产业在海洋产业总产值中所占的比重最大，这是海洋产业发展的初始阶段。

所谓鼓形结构，又称橄榄形结构，是指海洋第二产业在海洋产业总产值中占比最大，海洋第一、第三产业占比较小的产业机构。鼓形结构又有两种情况：一是海洋第一产业的比重比第三产业大的"213"型结构，这是海洋工业化前期的结构，海洋渔业的比重还比较大；二是海洋第三产业的比重比第一产业大的"231"型结构，这是海洋工业化后期的结构。海洋交通运输业、海洋服务业等的海洋第三产业的比重已经超过海洋渔业。

所谓哑铃形结构，又称工字形结构，是指海洋第二产业在海洋产业总产值中占比较小，海洋第一、第三产业占比较大的特殊型结构，这是部分发展中国家或地区在特定条件下形成的产业结构。比如以渔业资源捕捞或养殖为主或以滨海旅游等服务为主，且海洋工业发展比较落后的国家和地区，往往会形成这种产业结构。哑铃形结构也有两种情况：一是海洋第一产业的比重比第三产业大的"132"型结构；二是海洋第三产业的比重比第一产业大的"321"型结构。

所谓倒金字塔形结构，也就是"321"型结构，是指海洋第三产业在海洋产业总产值中占比最大、海洋第二产业次之、海洋第一产业最小的产业结构，这是后海洋工业社会或发达海洋工业化国家的产业结构。

（2）部门海洋产业结构。

部门海洋产业结构是应用部门分类法对海洋产业进行分类，按照不同的生产对象形成的不同海洋产业部门，这些海洋产业部门之间的比例与组合关系，就形成了部门海洋产业结构。按照生产对象一般将经济活动划分为农业、工业、建筑业、交通运输业和商业服务业5个物质生产部门，同样，海洋经济也可以按照这种分类方法把海洋产业划分为海洋农业、海洋工业、海洋建筑业、海洋交通运输业和海洋服务业5个部门。

（3）传统与新兴海洋产业结构。

依据海洋产业发展的时序并考虑技术因素，海洋产业可以分为传统海洋产业和新兴海洋产业，这种产业分类形成传统和新兴海洋产业结构。随着海洋产业开发规模的扩大，传统海洋产业包括海洋水产业、海盐业、海洋造船业、海洋砂矿、滨海旅游业、海洋交通运输业。新兴海洋产业是指在技术进步背景下出现的新的海洋产业部门，包括海水增养殖业、深海油气业、海洋能开发产业、海洋工程建筑业、海洋装备制造业、海水利用业、海洋生物医药业和海洋信息服务业等。新兴海洋产业是未来的海洋支柱性产业和战略性产业，特别是在当前大力发展培育战略性新兴产业背景下，其未来的成长空间以及对经济的贡献作用巨大。但在不同的经济发展阶段，战略性新兴产业培育发展重点有所不同，这与所处时期的经济社会发展需求以及科技发展水平有关。

（4）地区海洋产业结构。

地区海洋产业结构是指以行政区划来划分的区域海洋产业结构。以我国11个沿海省市为划分单位，可以划分出辽宁、河北、天津、山东、江苏、上海、浙江、福建、广东、广西和海南省级层面海洋产业结构，其所辖市、县、区又可以进一步划分为市级、县级等层面的地区海洋产业结构。

3. 海洋产业结构演进的一般规律

海洋产业是海洋经济的表现形式。海洋资源开发对象的拓展与深入，致使海洋产业部门增加、深度与广度拓展、结构演进、质量提升等变化，进而带来海洋产业结构的演进。海洋产业结构演进，主要是指海洋资源要素、社会资源要素、环境资源要素的充分利用与合理配置，海洋产业相互配合协调发展，海洋科技贡献率提高，整体海洋产业素质提升，海陆产业协调发展等。

同陆域产业结构演进一样，海洋产业结构的演进也具有一定规律，遵循着不断从低级到高级的上升过程，体现在海洋产业结构合理化和高度化两个方面。海洋产业结构的演进，要求具有合理的海洋产业间比例关系，能够充分运用自然资源，各海洋产业间要协调发展，并能够及时满足社会的需求，取得最佳的经济效益。海洋产业结构演进的实质是实现资源在海洋产业之间的最优配置和高效利用，促进海洋产业经济协调、稳定、高效率发展。海洋产业结构升级，表现为实现由以海洋渔业等海洋第一产业为主的初级产业结构到以海洋第二、第三产业、资本密集型产业、技术密集型产业为主的中级产业结构转变，再向以海洋第三、第二产业、技术密集型产业、知识密集型产业为主的高级产业结构不断演进。

海洋产业结构的演进规律同样遵守"配第—克拉克定理"和"库兹涅兹定律"，即随着海洋产业的不断发展，海洋第一产业所占比例不断下降，海洋第二产业所占比例不断上升，海洋第三产业所占比例持续提高，最终将占主要地位。但与其他产业不同，海洋产业发展相对滞后于其他产业部门，经济技术条件的限制使其发展时序或发展规模等有所差异，具有一定的特殊性。海洋经济发展初期，海洋第一产业（主要是海洋渔业）的比重最大，从业人员也最多。由于经济社会发展交流的需求，海洋交通运输业与海洋渔业同时发展起来，因此海洋第三产业的比重也较大。由于技术以及资金的限制，海洋第二产业的比重最小。海洋经济发展中期，随着海洋交通运输业、海洋信息服务业以及滨海旅游业的不断发展壮大，海洋第三产业的比重将超过海洋第一产业。海洋经济发展后期阶段，海洋科技贡献逐步增大，海洋第二产业（主要是海洋工业，如造船业、海洋装备制造、海洋能开发、海洋工程等）快速发展，海洋第二产业也将超过海洋第一产业，实现海洋产业结构升级与质量提升。

从海洋三次产业内部结构来看，海洋产业结构演进呈现出较强的规律性。海洋第一产业内部结构演进趋势，主要表现为传统的海洋渔业向现代渔业转变、渔业分散化经营向产业化方向转变、渔业内部各产业部门单一发展向协调发展转变。海洋第二产业内部结构的演进，主要表现为从海洋水产品初级加工向海洋资源深加工、海底矿产资源开发利用、海水化工、海洋能利用以及海洋生物医药开发等方向转变。海洋第三产业内部结构的演进，主要表现为传统的海洋交通运输业、滨海旅游业向包含现代海洋交通、滨海旅游休闲、海洋信息服务等产业综合发展的现代服务业方向转变。随着社会分工的进一步细化，更多的海洋信息服务部门出现，促进海洋第三产业内部结构的更加现代化和多样化。

4. 海洋产业结构优化理论

海洋产业结构对海洋经济发展具有双重作用，既可以极大地促进经济增长，又可能严重地阻碍经济发展。要使海洋产业结构形成对经济发展的促进作用，重要途径是不断促使海洋产业结构优化升级。

海洋产业结构优化是指按照海洋产业结构演进的一般规律，促使海洋产业部门之间不断协调、海洋产业结构内部层次不断提升、海洋产业总体不断发展提高的过程，是海洋产业之间的经济技术联系包括数量比例关系由不协调不断走向协调的合理化过程，是海洋产业结构由低层次不断向高层次演进的高度化过程。

海洋产业结构优化主要体现在海洋产业结构的合理化和海洋产业结构的高度化两个方面。这里的海洋产业结构合理化和高度化决定了海洋产业经济效益的高低，不仅决定海洋资源在各产业部门之间能否优化配置，还决定配置到各个产业部门的资源能否有效利用。因此，海洋产业结构优化与否，对海洋经济发展至关重要。而且，海洋产业结构优化还是一个相对的概念，不同经济发展阶段的地区，其海洋产业结构内容与水平也不一样，海洋资源禀赋、海洋经济基础、海洋科技水平和劳动力素质等因素都会对海洋产业结构水平产生影响。海洋产业结构优化的内容与目标包括以下三个方面[84]。

（1）海洋产业结构高级化。根据经济发展的历史和逻辑序列顺向演进的规律，海洋产业结构高级化即是指海洋产业结构的升级，从低级形式向高级形式的演变，可以从三个主要方面进行阐释：一是从海洋产业结构演进规律来看，海洋产业结构通常是由海洋第一产业占优势比重逐渐向海洋第二、第三产业占优势比重的方向演变；二是从生产要素构成的演变趋势来看，海洋产业结构一般由劳动密集型产业占优势比重逐渐向资金密集型、技术密集型产业占优势比重的方向演进；三是从海洋产业内部对生产对象加工深度与广度的变化过程来看，海洋产业结构通常由制造初级产品的海洋产业占优势比重逐渐向制造中间产品、最终产品的海洋产业占优势比重演进。

（2）海洋产业结构合理化。海洋产业结构合理化是指海洋生产要素，按照一定的比例关系合理配置，海洋产业之间比例协调，以求达到海洋产业规模适当、增速均衡和海洋产业联系协调。主要体现在以下两个方面：一是各海洋产业之间在生产规模上的适当比例关系，如海洋三次产业之间、传统海洋产业和新兴海洋产业之间、海洋原材料产业同海洋加工工业之间的规模比例均衡等；二是海洋产业之间的投入产出关系，尤其海洋产业之间的关联程度，关联度越高，海洋产业结构整体效应就越大，海洋产业结构整体也就越合理。

（3）海洋产业结构高效化。海洋产业结构高效化即是指通过资源要素的优化配置，推动低效率的海洋产业比重不断降低，高效率的海洋产业比重不断提升，以实现海洋经济整体效益水平的提高。

第二节　海陆统筹的理论基础、内涵与核心内容

一、海陆统筹的理论基础

1. 海陆经济相互依存理论

（1）海陆经济空间相互衔接。

海洋经济区与传统经济区划模式下的大陆经济区既有区别又有重叠，二者相互衔接，海岸带则是海陆经济区交替衔接的过渡地带。海岸带是海洋与陆地邻接的一个区域，是海洋环境与陆地环境相互作用，相互影响和交替衔接的过渡地带，包括海陆交界的海域和陆域，具体包括岛屿、珊瑚礁、海岸、

海滩、海湾、海峡、河口等区域。从区域经济学研究的角度看，海岸带经济隶属区域经济范畴，其具体范围向陆一侧应主要以行政边界为标准，向海一侧则应以具有完全主权的领海区域为界。这样确定的海岸带范围，不仅比较符合海岸带区域经济发展的状况，而且在陆上有利于规划的管理经济，在海上有利于权益的维护和处理纠纷。这样，中国海岸带范围，共计 11 个沿海省、市、区的 54 个地级以上市和 236 个县（市区）[85]（表 2.1）。

表 2.1　2013 年中国海岸带区域行政区划

Tab. 2.1　China's coastal area administrative divisions in 2013

地区	沿海城市	沿海县	沿海县级市	沿海区
辽宁	6	4	7	11
河北	3	6	1	4
天津	1	—	—	1
山东	7	6	13	16
江苏	3	8	4	3
上海	1	1	—	4
浙江	7	10	19	16
福建	6	11	8	15
广东	14	10	6	40
广西	3	1	1	6
海南	3	5	5	4
合计	53	64	56	117

资料来源于《中国海洋统计年鉴》（2014）。

海岸带是海陆经济依存的空间载体。由于海岸带是海陆环境交替衔接的过渡地带，包括海域和陆域两种区域单元，因此海岸带是海陆经济相互依存的空间载体。海岸带是海陆资源的富集地带，海陆资源不仅为海陆经济系统的发展提供了资源基础，而且两个经济系统间的资源可以互相提供补充，从而使海岸带的资源得到优化配置。海岸带还是海陆物质与能量的转换中心，是海陆经济发展共同的依托基地，是海陆系统扩延效应的复合区。

（2）海陆产业相互关联渗透。

海洋产业是陆域产业的延伸。海洋产业和陆域产业在生产要素相似性上来看是基本对应的，这种对应性充分体现在海陆之间的三次产业当中（表

2.2）。

海陆产业相互关联。海陆产业间并非简单的一一对应关系，而是相互关联，互动发展的。陆域发达的技术、资金、信息不断向海洋产业流动，带动海洋产业发展。另外，海陆资源的互补性和空间的依存性使海洋产业结构演进、海陆产业关联与陆域经济相融合，海洋经济与陆域经济互动发展，海陆产业的联系主要体现在产品联系、技术联系、投资联系等方面。

表 2.2　部分陆域产业与海洋产业的对应关系

Tab. 2.2　The corresponding relations of part of the land industry and marine industry

类　型	陆域产业	对应的海洋产业活动
第一产业	农业	海洋种植业
	牧业	海水养殖业
	渔业	海水捕捞
第二产业	矿产采掘工业	海洋采矿、滨海矿砂
	制造业	海洋设备制造业
	化工业	海洋化工
	电力工业	海洋电力（潮汐发电、波能发电等）
	石油天然气	海洋油气开发
	食品加工业	海洋食品加工
	建筑业	海洋工程建筑
第三产业	交通运输业	海洋运输
	邮电通信业	海底电缆
	商业、饮食业	海上服务
	地质勘探业	海洋地质勘探、测绘
	旅游业	海洋旅游
	卫生、体育和社会福利业	海上运动

（3）海陆产业技术互相支撑。

现代科技进步推动了海洋科技发展。陆域地质勘探技术、生物技术等新技术，遥感遥测、化工技术、通信卫星、大型计算机等高技术手段不断应用于海洋领域，促进了海洋科技不断进步，现已形成了包括海洋探测技术、海洋通用技术、海洋开发保护技术等海洋高新技术产业群。从发展趋势上看，海洋环境监测技术向长期、实时、连续和立体方向发展。海洋能源勘探开发技术发展迅速，深水油气勘探开发技术成为竞争焦点；天然气水合物勘探开发技术成为研发热点，深海矿产资源勘查技术向着大深度、近海底和原位方向发展。海洋生物技术取得新的突破，海洋生物产业已成雏形。海水淡化和海水综合利用技术规模不断扩大，海水利用产业链正在形成。

科技进步促进海洋产业的发展。由于陆域科技的进步广泛应用于海洋领域，促进了海洋资源的开发和海洋产业的发展，表现在陆域技术进步促使新兴海洋产业部门产生，技术进步促使原有海洋产业得到改造提升，技术进步促进海洋产业结构不断完善和升级等。从海洋产业的发展历程看，随着技术的进步，海洋产业的发展已经从传统的海洋渔业、海洋交通运输业等，发展到目前的海洋化工业、海洋生物制药与保健品业、海洋信息服务业、深海矿产资源的开发等，说明了海洋产业逐渐由第一产业向第二、第三产业演变。随着海洋第二、第三产业的发展，特别是第三产业的快速发展，产业结构不断得到升级改造。

海陆产业技术相互促进。海陆产业的相互关联依存特征，使得现代科技在推动海洋科技进步与海洋产业发展的同时，也促使了海洋新产品和新兴海洋产业的发展，同时也促进了陆域科技进步和相关产业的发展，海陆产业技术相互促进。

2. 海陆经济互动发展理论

海陆经济间的相互依存使海陆经济间形成了一种互动发展的关系。海洋经济以陆域经济为依托，海洋经济很大程度上是陆域经济向海洋的延伸，海洋资源开发和海洋产业发展必须以陆地为依托，海洋资源优势才能得到充分发挥。反过来，海洋经济以自身资源优势支持沿海地区经济社会发展，辐射带动内陆腹地经济发展，海陆经济互动发展是各沿海发达国家发展的成功经验。

（1）陆域为海洋经济发展提供要素支撑。

海洋经济的发展较强地依赖陆域，陆域为海洋经济发展提供诸多的要素支撑。

一是陆域提供资源保障。自然资源是经济发展的物质基础，自然资源的数量多寡影响生产发展的规模大小，自然资源的质量及开发利用条件影响生产活动的经济效益，自然资源的地域组合影响区域产业结构。海洋经济发展也需要各种自然资源作保障，由于海洋经济区与陆地经济区的交叉重叠性，海洋经济的发展除了有效利用海面、海底、海水等海洋资源以外，还需要充分利用陆地资源。

二是陆域提供劳动力和技术。劳动力是生产要素中的关键环节，劳动力的数量和质量会直接影响到经济增长速度、规模和结构。人类生活区域局限于陆地，海上没有也不可能有人类意义的生活居住地区，故从事海洋生产的劳动力都来自陆域。科技是第一生产力，能决定经济增速和方向，现代科技的发展促进了海洋科技的进步，海洋科技的进步来自于陆域科技的发展。世界上发达国家，海洋科技进步对海洋经济的贡献率超过50%，而海洋科技基地是陆域范围内的高等院校和科研院所等科技研发机构。

三是陆域提供资金。生产资金是海洋经济增长的重要影响因素，陆域经济发达程度，决定着发展海洋经济的资金投入数量，影响海洋经济的增长速度和发展规模，还影响到海洋产业结构水平以及海洋经济发展的方向。

四是陆域经济提供产业基础。海洋产业发展以陆域产业为基础，陆域合理的产业结构和良好的产业基础可加快海洋经济的发展。

五是陆域提供政策环境保障。陆域社会环境是海洋经济增长的基本条件。优越的、高效的区域经济增长环境包括：优越的市场竞争机制和经济体制；比较宽松、柔和、严谨、快速的政府行为；任人唯贤的企业人才管理等方面。而这些条件都需要所在区域的政府决策部门通过转换观念，制定正确的发展战略和方针政策来实现。

（2）海洋经济对陆域经济有辐射带动作用。

反过来，由于海洋经济处于对外开放的前沿，海洋经济的发展也会辐射带动陆域经济的发展，主要体现在以下几个方面：

一是开发海洋资源有利于缓解陆域资源环境矛盾，在陆地资源供应日益紧张的当今时代，开发利用海洋资源，是人类未来发展的重要途径。

二是由于海陆产业的相互渗透和相互关联性，海洋产业的发展会带动相关陆域产业的发展，可获得"乘数效应"。

三是海洋经济发展能够提供更多就业岗位，不仅可以直接吸引劳动力就业，还可间接带动经济中的电力、钢铁、造船、化工、服务业等行业的就业能力的提高，缓解劳动力就业压力。

四是海洋经济发展可以促进区域产业结构升级，优化区域产业布局。海洋经济发展对沿海地区就业和产业结构有直接影响，沿海地区可以通过依托港口发展临港工业，并通过工业的发展带动城市服务的发展，提升第三产业的比重，进而促进地区产业结构优化升级。

五是海洋经济发展将促进对外贸易，推动区域对外开放进程。从对外贸易发展看，我国近90%的物资通过港口航运完成，港口城市是对外资最有吸引力的地区。我国85%的外资投向沿海，外资企业进出口总额的97%在沿海地区[86]。这些充分说明了沿海在促进区域外贸发展中的重要作用。

二、海陆统筹概念的演进

党的十八大提出："必须更加自觉地把统筹兼顾作为深入贯彻落实科学发展观的根本方法，坚持一切从实际出发，正确认识和妥善处理中国特色社会主义事业中的重大关系"[8]。毛泽东主席早在20世纪50年代就已提出了统筹兼顾的思想[87]。当前，全球性资源、环境与人口问题日益突出，陆域经济发展受到制约，海洋越来越成为承载生产要素和产业的空间载体。但是以往海洋经济的开发，多是关注海洋为陆域经济发展的贡献，很少考虑由于陆域经济开发对海洋带来的制约影响以及破坏，更少考虑海陆经济联动发展问题[123]。要解决这些海陆产业发展与资源环境等问题，根本的方法是依托"统筹"这个方法。经济社会发展与海洋开发的严峻形势，使政府和学者更加关注海陆统筹问题。国家领导层和许多学者根据我国沿海地区海陆产业关联特征，从各种角度、各个层面提出了海陆统筹、实现海陆一体化的战略思想（图2.3）。

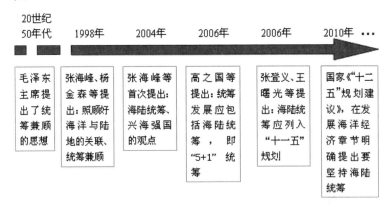

图2.3　海陆统筹思想的演进图示

Fig. 2.3　Evolution of the theory of the sea-land overall planning

1996年，辽宁师范大学的张耀光教授，对海陆统筹有较早的思考，他认为"海陆经济发展具有相对独立性，但却又独立分工，海陆产业结构呈现综合的、多元的和开放的趋势"[62]。1998 年，杨金森等[88]提出："关注海陆之间的关联，统筹兼顾，促进海陆一体发展"。2005 年，张海峰[89]提出"海陆统筹、兴海强国"的观点，提议应将"海陆统筹"加入到"五个统筹"之中。2005 年，张登义、王曙光提出"海陆统筹应列入国民经济与社会'十一五'发展规划之中"。丁德文[61]从人海关系角度阐述了区域发展的海陆统筹问题。栾维新等[63]认为："海陆统筹"强调以陆域产业、技术、资金等为依托，以陆域空间为腹地和市场，发挥海洋产业的辐射和带动作用，促进海陆经济的协调发展。2008 年，叶向东探讨了海陆统筹的理论问题，提出了海陆统筹发展的思路与发展战略体系[90]。2009 年，韩立民构建了海陆经济一体化发展理论体系，其内容包括海陆产业关联、近岸海域污染一体化调控和海岸带区域空间结构三个方面。2007 年，韩增林等[91]研究了人海关系地域系统问题，2008 年，樊杰等[92-93]探讨了我国沿海地区经济系统耦合关系等。2011年，在国家提出"发展海洋经济，坚持海陆统筹……"战略部署后，鲍捷等[69]对我国海陆统筹方略进行了系统研究，认为海陆统筹问题本质上是一个地理学问题，从地理学视角看海陆统筹，其实就是对陆地和海洋的统一筹划、安排（图 2.4）。

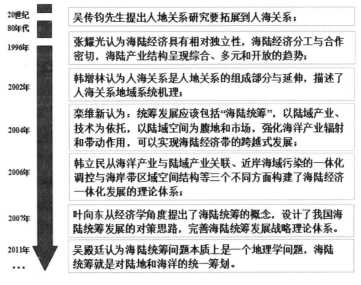

图 2.4 学者层面海陆统筹及相关理念探讨演进图示

Fig. 2.4 Evolution of the theory of the sea-land overall planning of scholars

三、海陆统筹概念与内涵

从地理范围看，海陆统筹包括了海洋和陆地两部分，具体涉及范围见图2.5。

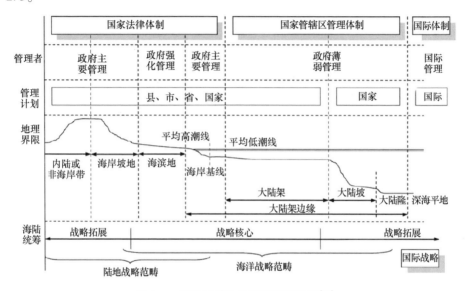

图 2.5　海陆统筹的地理范围示意图[94]

Fig. 2.5　The geographic range of the sea-land overall planning

（引自：鲍捷，吴殿廷．基于地理学视角的"十二五"期间我国海陆统筹方略）

综合相关研究，本文认为：海陆统筹，是将海洋和陆地作为两个独立的系统，综合考虑海陆间经济、生态和社会功能，利用海陆间的能流、物流和信息流等联系，以科学发展观为指导，对沿海区域发展进行统一规划，统筹配置资源要素，促进海洋产业与陆域产业融合联动、海陆产业空间布局紧凑衔接，实现海陆经济社会协调发展，进而推动区域全面发展（图2.6）。

海陆统筹的关键点是处理好海陆系统之间的关联性，疏通海陆之间的资源、信息、能源等交流通道，以促进海陆经济协调发展[76]。按照海陆统筹的概念界定，其内涵理解如下：

（1）海陆统筹是区域发展的指导思想。海陆统筹强调的是将海洋与陆地资源要素统筹配置、海洋产业与陆域产业融合联动，实现海陆经济社会协调，进而促进区域全面发展。一直以来，"重陆轻海"的思想束缚了人们对海洋经济发展的重视，一般认为海洋经济仅是陆域经济向海洋不同程度的延伸，多

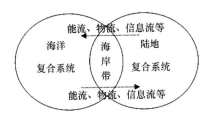

图 2.6　海陆统筹发展的概念示意图

Fig. 2.6　The concept connotation of the sea-land overall planning

重视海洋对陆域经济的贡献能力而忽视由于陆域开发给海洋带来的各种负面影响，甚至只是认为海洋作为陆域经济发展的附属，海洋只是作为陆域经济发展的资源库或者垃圾场。海洋经济的发展也只是单纯的独立发展，海洋自身优势不能充分发挥。海陆统筹思想就是要改变原有的思想意识，充分认识到海洋对陆域经济发展的重大作用以及海陆联动发展的重大效益价值，使海洋与陆域的经济价值充分体现出来，实现资源环境协调、平衡发展。

（2）海陆统筹强调统筹规划。海洋和陆地是两个相对独立但又紧密相连的系统，海陆统筹不能仅仅局限在海洋与陆地交接的狭小地带。陆域经济不仅仅是包括近海的陆域空间，还应包括更丰富的陆域资源。海洋也不仅仅是近岸的海岸带、领海、专属经济区、公海，还包括海洋中的全部资源。海陆统筹强调统一规划，根据海陆的内在特性与联系，加强海陆资源统一协调安排与配置，促使海陆系统之间生产要素的顺畅交换与流通，实现海陆资源的有效替代、海陆产业的统筹发展、海陆环境的统筹调控。

（3）海陆统筹是一种区域政策。海陆统筹是统一筹划海陆系统的资源利用、经济发展、环境保护、生态安全的区域政策，需要充分考虑海陆自然禀赋、经济基础等方面的差异，依照海陆资源环境综合承载能力，统筹考虑海陆产业布局，在科学发展观指导下发挥作用。

四、海陆统筹核心内容与目标

依据系统学理论的观点，整个区域系统包括区域的经济子系统、社会子系统和生态子系统。海洋与陆地分别是两个不同的系统，海陆统筹要求海洋与陆地系统协调发展，要求这两个复杂系统内若干子系统之间协调发展，包括海陆经济子系统的统筹、海陆社会子系统的统筹、海陆生态环境子系统的统筹以及海陆经济、社会、生态子系统间的综合统筹[69]。

（1）海陆经济子系统的统筹。海陆经济统筹发展，可以有效利用海洋资源优势，缓解陆域资源紧缺矛盾，改变我国沿海地区产业发展与资源分布不均衡的格局。通过海陆统筹，加强海陆产业关联，从"陆向"经济转为"海向"经济，充分开发利用海洋资源发展相关产业，可以促进沿海地区全面发展。海陆统筹可以加强海陆产业融合，促进陆地产业部门与海洋产业部门的融合，提升产业竞争力，实现海陆交通网络的对接，促进海陆综合功能区整合（图2.7）。

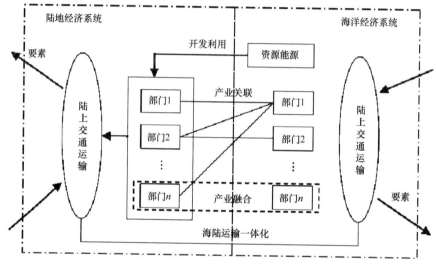

图 2.7　海陆经济子系统统筹模式

Fig. 2.7　The model of economic subsystem co-ordination of land and sea

（2）海陆生态子系统的统筹。地球上的大气圈和岩石圈是一个整体，共同作用于海洋与陆地生态系统，海洋和陆地的生态过程具有连续性。海陆生态子系统的这种复合性与整体性特征，决定了海陆生态子系统中可以综合调控生态环境问题。因此，海陆生态子系统的统筹，需要考虑海洋生态子系统和陆地生态子系统要素之间的相互作用（图2.8），以实现海陆生态系统的统筹调控。

（3）海陆社会子系统的统筹。主要是通过海洋陆地社会子系统的综合影响，促进沿海地区社会关系的协调，提高国民海洋意识，改善沿海地区人民生活质量，推动沿海地区与内陆地区的协作，建立跨区域生态补偿机制，促进沿海地区社会和谐发展。

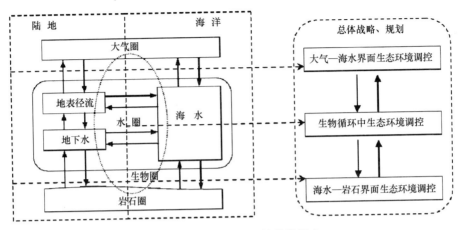

图 2.8　海陆生态子系统统筹模式

Fig. 2.8　The co-ordination mode of land and sea ecological subsystem

（4）海陆经济社会生态子系统间的综合统筹。由于海洋和陆地构成一个复杂的海陆生态—经济—社会三维结构的复合系统，海陆统筹就是综合调控海陆经济—社会—自然系统之间的资源要素配置、物质流、能量流的合理流动以及社会关系的协调等，以期实现经济繁荣，社会进步和生态安全。其中，经济繁荣即要以海陆经济增长为前提，为国家富强和满足民众基本需求提供永续的经济支撑；生态安全，即以保护海陆生态环境为基础，经济社会发展与海陆资源环境承载力相适应；社会进步，则是改善人们的生活质量，提高社会的文明程度。

第三章 海陆产业统筹的空间载体和限制因素

第一节 海岸带是海陆产业统筹的空间载体

一、海岸带集中体现了海陆间的联系

海域生态系统和陆域生态系统作为地球生物圈的两个重要组成部分，有着极为密切的联系，存在着能量流动和物质循环。因此，两者之间相互作用、相互影响，可以说是一个互动的体系。海岸带是指海陆衔接的地带，包括海陆交界的海域和陆域，所以在这一区域集中体现了海洋与陆地这两套系统的联系。

1. 海陆间水热循环

（1）通过大气环流直接输送热量和水分。冬季，大陆是冷源，海洋是热源，盛行的海洋热气团在气流作用下，热量由海洋输向大陆；而在夏季，大陆是热源，海洋是冷源，大陆上热气团在大陆气流作用下，向海洋输送热量，但输送值远比冬季海洋向大陆的输送量要少。

白天，风从海洋吹向陆地；夜晚，风从陆地吹向海洋。这种海陆风对滨海地区的气候有一定的影响，白天吹海风，海上水汽输入大陆沿岸，往往形成雾或低云，甚至产生降水；同时可以降低沿岸的气温，也使沿海地区成为避暑的好去处。

（2）通过大气环流驱动大规模洋流输送热量和水分。由于大洋东西岸冷暖洋流水温的差异，在盛行气流的作用下，使同纬度大陆东西岸的气温出现显著区别；另外，大陆沿岸有暖流经过，往往带来丰沛降水，而在冷洋流沿岸往往形成干旱少雨气候；在邻近外海有冷的上升流的大陆地区往往出现干旱气候，而有暖的下降流的大陆区域则为湿润多雨气候。水分通过蒸发—输

送—降水—径流等各环节在海洋—大气—陆地之间循环，进行大规模物质能量传输。

2. 海陆间复杂的地质循环

局部而言，通过大气环流搬运地表松散固体物质。据估算，每年由于风的直接作用，从陆上带到海洋中的物质有 16 亿吨，超过进入深海的河流悬浮物的数量。进入海洋的粉尘物质为海洋生物提供了营养物质，也影响海洋的生物地球化学循环。大江、大河源源不断地向海洋输送丰富的陆源物质，主要沉积在大陆边缘，其他的为海域生态系统所利用。

海洋和陆地之间的地质大循环主要通过风化—输送—沉积—构造过程来完成。在海洋底部以沉积物的形式累积的物质被埋藏后成为沉积岩，在地质作用下重新参与岩石圈的物质转换过程，它们可能在随后发生的造山运动中被抬升，也可能由于温度和压力的增大而转变为变质岩，或随着岩石圈沉降地壳深处熔融而转变为岩浆。岩浆物质喷发到陆地表面或海底，形成火山岩，重新与海水发生作用，彼此交换物质成分，其他的岩浆物质在地下深处缓慢结晶形成深成岩。在岩浆岩、变质岩的形成过程中，火山气体向上迁移到地表释放到大气中去。沉积岩、变质岩、岩浆岩在构造运动的作用下被抬升到侵蚀基准面以上重新接受侵蚀堆积，从而完成岩石圈的循环过程。

二、人类活动扰动了海陆间的自然联系

1750 年以来的现代文明，为人类社会的发展创造了前所未有的物质条件和合适的生活基础，但在这 200 多年的历程中，人类活动对自然环境造成的影响也是前所未有的。美国前副总统戈尔在其《濒临倾斜的地球》一书中对这方面问题进行了系统深广的阐述，他形象地称之为佛祖的呼吸（大气）、切肤之痛（地表的侵蚀）、物种的减少、污染的海洋。

事实上，由于人类长期以来一直陶醉于对自然的征服，把自己看作是自然的主人，破坏了人与自然环境间的关系。在海岸带地区集中地反映了人类活动对海洋和陆地的影响，更表现了人类活动对海陆自然联系的扰动作用。

1. 大量排放二氧化碳等有害气体的影响

大量排放二氧化碳排放可导致气温升高。尽管科学技术水平不断提高，但对能源的利用率仍是极为有限的，一般认为不超过 30%，其余 70% 都以各种方式返回环境造成污染。二氧化碳等温室气体排放造成全球温度的升高，从而对人类生存环境产生深刻的影响。20 世纪末全球气温与 1860 年相比升高

了 0.3~0.6℃，如果这一趋势得不到控制，21 世纪末，全球气温将升高 1.0~3.5℃。温度的变化直接或间接地影响着海洋生物个体的发育、生长、摄食、生死和补充，即生活史的每个阶段。因此有关学者把温度称为海洋生物代谢过程中的控制因子。大多数海洋生物的生命最适温度接近其最大耐受温度界限（温度上限）。例如，珊瑚生存已靠近温度最高极限，极易受温度变暖的影响。牙买加海洋学家指出，由于海水升温，珊瑚礁会把生长在其身上，并为其提供食物的藻类"排斥出来"。离开藻类的结果，珊瑚失去光泽并呈灰白色（称"漂白"），并将停止生长直至死亡。1983 年由于太平洋地区出现了严重的厄尔尼诺现象，海水升温，大部分珊瑚礁出现"漂白"现象。海水温度对海洋生物的分布和迁移也有影响：①海洋生物地理分布与海水等温线密切相关，海水温度升高，热带海域向南北极扩展，意味着将有更多的海洋生物种类消失。而且热带水域的初级生产力一般要比高纬度地区初级生产力低，这意味着海洋生物生产力将降低，从而影响渔业生产。有证据表明，群落的组成、结构和功能有时会发生突变。在某一给定区域，可能有两个或两个以上"稳定"的群落可供选择。每个群落都适合一定范围的条件，若某一环境要素改变，则自动"切断开关"，因此，即使是逐渐增加的温度也有可能引起海洋群落突然地"切断开关"，极有可能将毁灭人类依靠的渔业。②鱼类洄游路线与海水温度的季节变化密切相关，所以海水温度的变化对渔场范围、渔期、中心产卵场和中心渔场的影响也是显而易见的。

大量二氧化碳的排放可产生厄尔尼诺现象。厄尔尼诺现象是指南美洲西海岸和赤道太平洋海域的一种海水异常增暖现象，活动期常在一年以上。一般认为，东太平洋海域月平均气温比平常值高出 0.5℃ 的情况持续 3~6 个月以上，就可能产生厄尔尼诺现象。厄尔尼诺现象可导致环流和上升流的改变，进而引发全球性的气候异常，形成大范围的灾害性天气。如 1997 年，中国北部 2 000 万 hm^2 可耕地遭遇严重干旱，在我国南方 440 万 hm^2 的土地遭受严重水灾；美国西北部一些地区的降雨量比正常降雨量高出 200%。1998 年我国所遭遇的特大洪水灾害给我国造成了巨大损失等。在影响中国近海海洋渔业生态系统的海洋环境要素中，以黄海冷水团、中国近海沿岸流、黑潮暖流及其上升流等影响最为明显。因此，环流和上升流的变化必然会对鱼类的产卵、孵化、生长、死亡以及补充等产生重大影响，进而影响渔业生态系统的结构，导致渔获量的增减。例如，在厄尔尼诺暴发前，黑潮流量增大（平均 69.1×10^6 m^3），而在厄尔尼诺盛期，黑潮流量减少，随后又回升。黑潮对我国近海流场的影响很大，例如，位于我国东南近海的闽南台湾浅滩渔场，黑潮流量的增大，有利于台湾浅滩出现强大的上升流，大量富含营养盐的海水从底层涌升，使得该海域浮游生物大量繁殖，给中上层鱼类带来丰富的饵料，从而导致中上层鱼类种群的增加，渔获量上升。而在气候变化引起的厄尔尼诺年份，进入台湾浅滩南部的黑潮流量减少，该渔场在夏季只出现一单元上升流，且上升流较弱，从而导致中上层鱼类渔获量减少。

温室效应导致海平面上升。在过去 100 年全球海平面上升了 15 cm，科学家们预测，未来 30~40 年间全球海平面将上升约 30 cm，海水将威胁到全球居住在沿海地区的 10 多亿人口。对近岸海洋生态系统的影响：海平面上升，海岸线将后退，海岸生态系统也向陆地后退；海流和上升流在地理位置上可能改变，这些"海洋变化"将影响全世界海岸带的生物多样性。例如，海平面上升，将使潮汐特征发生变化，改变生态环境，也使红树林生长环境因子如盐度、潮汐及土壤发生变化，这些都将抑制红树林植物群落的生长；同时，导致红树林敌害增加。对沿海地区的影响：海洋生态系统的天然功能使沿海地区直接受益。在海拔较低的热带海岸，红树林形成的屏障可抵御风暴潮及波浪的侵害，从而保护了沿海村落、农业以及基础设施。而海平面上升可能引起红树林的破坏，降低红树林的保护作用。我国沿岸相对海平面预测结果为 2030 年将上升 6~14 cm，2050 年上升 12~23 cm，2100 年上升 47~65 cm。因此，我国滨海平原和河口三角洲将受到威胁。据测算，我国沿海地区地面高程小于 5 m 的脆弱带面积约为 14.39×10^4 km²，约占我国沿海省、自治区、直辖市面积的 11.3%，而这些脆弱区恰恰是我国沿海经济最发达、城市最集中、人口也最密集的地区。因此，海平面上升对我国沿海地区经济、社会发展影响严重。主要是：①海平面上升会使浅滩、滩涂、湿地大片损失；②各地百年一遇的高潮位变成十年甚至为数年一遇，加剧洪涝灾害；③使沿海城市的市政排污工程原设计标高降低，原有自然排灌系统失效，城镇污水排放困难，甚至产生海水倒灌，从而使沿海城市水质恶化、污染加重；④沿海江河的潮水顶托范围沿河上溯，影响河流两岸城镇的淡水供应和饮用水质；⑤地下水受盐水入侵的威胁加重；⑥风暴潮等灾害将威胁更多基础设施，潮流和波浪对海堤、海港等设施的破坏加剧；企业的设施和居住区受到威胁等。有人估计，如果我国海平面相对上升 1 m，我国沿海岸 4~5 m 标高将遭受海潮的影响，12.58×10^4 km² 的土地将被淹没，2 000 万人口将失去家园。

2. 陆源污染物影响加剧

近海水域的污染主要是由河流携带的陆源污染物或沿海城市排污口排放的污染物造成的。据分析，80%以上的近海污染是陆源污染物造成的，我国沿海工厂和城市直接排海的污水每年就达百亿吨以上，主要有害有毒物质在150万吨以上。造成我国海域海水富营养化程度明显加重，赤潮时有发生，20世纪90年代平均每年发生赤潮30次，2001年则高达77次。此外，沿岸的碱厂、盐化厂、造纸厂等排污口影响了滨海旅游业的发展。我国海岸带区域正承受着日趋加剧的陆源污染的巨大压力。

3. 海洋生物资源严重衰退

新中国成立以来，我国的海洋捕捞业有了很大发展，年捕捞量从1950年的53.6万吨增加到1991年的609万吨和1999年的1500万吨，50年间增长了28倍，我国海洋水产品年捕捞量已占世界总量的1/7。特别是从20世纪的50年代到90年代初这40年间，大量增加的渔船集中在近海区域酷渔滥捕，破坏了渔业资源，形成近海捕捞力量增加——劳动生产率和渔获质量下降——劳动生产率和渔获质量再下降的恶性循环。致使近海优质渔业资源严重退化，一些经济鱼类濒临灭绝，海洋渔业资源趋于小型化、低质化、早熟化。如黄花鱼、带鱼等处于食物链较高层次的优质经济鱼类越来越少，继之以黄鲫、毛虾、毛蚶、青鳞鱼、梅童鱼、沙丁鱼等属于传统经济鱼类饵料的低质鱼类所代替，对我国近海渔业资源造成深远影响。由于管理不力和过量捕杀，我国海域的鲸类、儒艮、海豹、海龟、玳瑁和文昌鱼等珍稀物种数量锐减，个别物种几乎绝迹。渤海辽东湾是西太平洋斑海豹的主要繁殖区，过去每年冬季产仔的海豹多达千头，近几年已锐减至一二百头；世界上儒艮的数量也极少，是联合国所列一类保护动物，由于近些年海上机动船增多，对儒艮栖息地造成严重干扰，加上炸鱼、电鱼、毒鱼等违法活动，我国广西沿海的儒艮数量不断减少；由于东南亚一些国家每年在我国南海捕杀几万只海龟和玳瑁致使其数量明显减少。

为了实现海洋捕捞业的可持续发展，我国已经采取了一系列行之有效的措施。一是鼓励扩大远洋捕捞业的规模，以缓解过剩的捕捞能力对近海渔业资源的压力；二是扩大海水养殖业的规模，吸纳部分小型捕捞船只；三是严格实施禁渔期、禁渔区制度，近海捕捞实施"零增长"战略。

4. 海上活动影响生态

随着海洋经济的高速发展，海上开发活动日益频繁，海上活动对海洋环境的影响也逐步明显。一是在海洋水产养殖业密度较大的区域，由于投饵等原因对水质产生影响，特别是一些交换条件较差的海湾更容易出现富营养化等问题；二是海上作业的石油平台等，因漏油或其他因素造成污染；三是海上挖砂，形成悬浮物质和改变海底地貌形态造成的影响；四是海上船舶的排舱污水影响水质，海上运输事故对海域的影响。

5. 陆上工程对海洋的影响

陆上的开发活动对海洋的影响也在增强。一是填海造陆工程对海洋环境的影响，它直接改变海洋地质环境，如大连星海湾填海工程就改变了马栏河口的条件；二是沿海港口建设对环境产生的影响，如锦州港的建设改变了锦州湾内的水动力学特征，大笔架山至陆地的砾石堤（称天桥）受到影响。葫芦岛市绥中县沿海兴建的小型渔港，则破坏了原生沙质海岸；三是主要河流兴建水利工程对河口海域环境产生影响。如我国三峡水利工程及南水北调工程，将明显减少长江口的入海淡水量，使长江口的生态环境发生变化。

三、海洋产业布局以海岸带空间为依托

涉海性是海洋产业的基本特征，直接以海洋资源和空间为生产和加工对象或主要为此类活动服务，是海洋产业区别于陆地产业的内在规定性。与陆地产业相同，海洋产业活动也必须以一定范围的空间地域为依托，就目前的技术水平而言，大多数海洋产业只能布局于海岸带及邻近海域。其中，海岸带地区是海陆交错的过渡型区域，从自然地理角度区分，具体包括潮间带、潮下带、浅海、大洋以及一部分临近潮间带的狭长的陆上地带，即潮上带。这种空间地域的限制导致海洋产业的布局只能沿海岸线呈点状或直线状发展，宏观形态远不如陆地产业那样丰富多样。此外，海洋产业对资源和环境的依赖性明显强于陆地产业。陆地产业类型丰富，产业链较长，不仅包括多种资源开发型产业，也包括众多资源加工和深加工型产业。而海洋产业类型较少，多数海洋产业为资源开发型产业，产业链也较短，因此，海洋产业布局受海洋资源空间分布的强烈制约，大多数海洋产业只能布局在资源所在地。加之海洋自然环境与自然资源分布具有地带性，这导致海洋产业布局也表现出地带性。

第二节　围填海是海陆产业统筹的重要途径

一、围填海为海洋经济发展提供空间保障

围填海造地是沿海地区缓解土地供求矛盾、扩大社会生存和发展空间的有效手段，具有巨大的社会经济效益。我国是人多地少、土地资源稀缺的发展中大国。在 960 万平方千米的陆地国土上，适合人类生存发展的宜居空间只有 300 万平方千米，适宜进行大规模、高强度工业化城镇化开发的国土面积只有约 180 万平方千米。特别是沿海地区，以 13% 的陆域土地面积承载着全国 40% 以上的人口，创造了 60% 以上的国内生产总值，土地资源约束更为突出。通过科学合理的围填海造地，缓解土地资源紧张的局面，对于沿海地区经济社会发展具有重要意义。

1. 为实施沿海区域发展战略规划提供了保障

近年来，辽宁沿海经济带、河北曹妃甸循环经济工业园区、天津滨海新区、黄河三角洲生态经济示范区、山东半岛蓝色经济区、江苏沿海地区、上海"两个中心"、福建海峡西岸、珠江三角洲、广西北部湾、海南国际旅游岛等区域发展规划相继得到了国务院的批准实施，提出大量的用海需求，不少工业与城市建设项目都需要进行围填海，如首钢、武钢等搬迁形成的钢铁基地，渤海湾、珠江三角洲、北部湾等形成的石化基地。辽宁沿海经济带发展战略规划中，通过填海造地目前已经形成了丹东东港临港工业园区、花园口工业园区、长兴岛临港工业园区、营口盘锦沿海产业基地、环锦州湾产业基地，这些工业基地的开发建设有力地支撑了辽宁沿海经济的发展，推动了辽宁临海产业的成长壮大。

2. 为发展经济保护耕地做出了重要贡献

新中国成立以来全国直接农业围垦面积接近 100×10^4 hm²，辽河口、钱塘江口和珠江口等围垦区已经成为我国重要的粮食生产基地，辽河三角洲、黄河三角洲、北黄海沿岸、江苏滨海等围塘区成为我国重要的水产品生产基地，在保障全国人民粮食和水产品供给方面发挥了重要作用。例如福建泉州外走马埭围垦工程，总面积接近 3 700 hm²，围垦新增农业用地面积 3 300 hm²，与著名的走马埭万亩基本农田保护区连成一片，成为福建省重要的粮食、蔬菜

生产基地，不仅为区域经济发展提供了必要的土地资源，而且对福建省实现耕地占补平衡、保障粮食安全起到积极作用。另外，沿海各地区区域发展战略规划的实施，无不需要广阔的土地资源，通过填海造地，向海洋发展拓展空间，利用填海造地建设工业园区。一方面直接节省了宝贵的土地资源，保护了基本农田免受占用，为农业发展提供了保障；另一方面，通过填海造地可以增加有效的深水岸线，便捷了各类工业企业的物流运输，减少了交通道路建设对土地资源的占用。

3. 为沿海地区城镇和工业拓展布局提供了空间

为了便于交通运输和改造人居环境，我国许多沿海城市都开始滨海园区、滨海新区建设，以拓展城市发展布局，建设滨海生态宜居城市。一些重大工业，为了便于海上航运，降低运输成本，也纷纷在海岸带建设临海工业园区。1983—1985 年，在长江口南岸、吴淞口以西岸段，围涂造地兴建了我国最大的现代化钢铁厂——上海宝山钢铁厂以及配套的石洞口电厂，并利用海涂围地兴建水库，解决工业生产及生活用水。1983 年我国第一个核电站——秦山核电站在杭州湾北岸建设海堤全长 1 818 m，围地 850 亩，作为电厂附属企业用地。天津滨海新区就是在天津滨海盐田、养殖池塘围填改造的基础上建设的，目前已经形成建成区面积 $3.5 \times 10^4 \ hm^2$，计划进一步围填海开发 $12 \times 10^4 \ hm^2$ 的低产盐田、荒地、滨海滩涂和养殖池塘，以彻底摆脱天津市靠海不见海的局面。

4. 为沿海港口建设提供了海域空间

沿海港口的大规模建设加速了沿海地区经济的繁荣，为推进城市化和工业化、为对外贸易的发展提供了强大的基础性支撑。据统计，2000—2010 年的 10 年间，我国沿海港口的码头岸线由 205 km 增至 665 km、集装箱吞吐量翻了 6 倍多，目前全国已经形成上海港、宁波港、青岛港、天津港、深圳港、大连港、广州港等全球知名大港，在全球港口吞吐量排名占有重要位置，有力地支撑了外向型经济的发展。

5. 为拉动投资和促进经济增长搭建了平台

围填海工程及其围填形成的土地后续建设，其投资可带动建筑、材料、港口、电力、物流等多个行业的发展，是促进沿海地区社会经济快速增长的重要平台。据初步估算，围填海工程建设及项目投资大概每公顷 1 亿元左右，2013 年全国围填海造地确权面积 18 049 hm^2，可拉动投资将近 2 万亿元，对拉动内需，促进2008年以来的经济回暖发挥了重要作用。天津滨海新区通过围填海发展工业，2009年GDP达3 810亿元，为建区之初的30多倍，人口增至200多万人，实现了经济效益和社会效益双赢。

二、围填海产生的负面影响不容忽视

围填海造地对缓解人地矛盾、推动社会经济发展发挥重要作用的同时，缺乏科学的规划与引导的围填海造地活动，会对海洋资源环境可持续利用产生多方面的深远影响。

1. 引发海岸自然灾害

围填海作为一种彻底改变海域自然属性的活动，如果论证不充分，管理不严格，可能加剧海岸侵蚀、造成泥沙淤积，影响江河的泄洪能力和港口的航运功能。一些围填海造地项目只关注围填海的经济效益，以最小的填海成本获取最大的填海面积，而忽视了对海洋自然灾害的防范，增大了海岸社会经济发展和人民生命财产安全面对台风、海啸、地震等自然灾害的风险。

2. 破坏海洋资源

大规模的填海造地工程会使原始状态的曲折岸线逐渐取直，海岸线总体长度变短，一些宜港的深水岸线消失，造成海岸空间资源的浪费。泉州湾后渚港历史上是著名的商港，海外交通十分发达，曾出土过宋代古船及大量文物，因历年围垦工程，河道淤塞，古代商港岌岌可危，古迹、文化遗产毁于一旦。2003年在山东省烟台地区进行海洋调查时发现，仅莱州市海岸线长度就比20世纪80年代中期减少了超过20 km，占莱州市岸线总长度的1/5左右；不科学的围填海活动会导致原始海岸水动力环境失衡，进而改变原有的潮流系统和泥沙运移系统，破坏原来的平衡状态，形成持续的淤积或侵蚀，危及港口航运。

3. 影响海洋环境

填海造地活动对海洋环境的污染方式类似于海洋倾废，填海材料中的污染物质在回填过程中会向海洋环境快速释放，回填完成后依然会在一个相当长的时期内不断的向海洋中扩散，形成持续的危害。大规模的填海造地工程使得海域水交换能力变差，近岸水环境容量下降，削弱了海水纳污净化能力，引发赤潮等海洋灾害，造成海洋环境破坏。

4. 破坏海洋生态

我国广西、广东、海南和福建沿海原有红树林80～90万亩，由于无节制的围涂造地，现仅存不足原来的1/4。厦门岛的高崎至大陆集美的厦门海堤1955年建成后不仅截断了对虾的产卵地，使对虾绝迹，还使东侧水域同安湾的文昌鱼渔场完全破坏，使历史悠久的刘五店文昌鱼渔场不复存在。由于筑堤围垦，三都湾大黄鱼产卵场，兴化湾、湄洲湾、官井洋和厦门港兰点马鲛鱼产卵场，福清湾蛏苗产地、福宁湾、福清湾蛤苗产地、福宁湾尖刀蛏产地等有的已经变为陆地，有的因水文和底质状况改变，影响了产卵场、渔场和苗场，渔业资源的损失难以估价。

第三节　海域承载力是海陆产业统筹的制约因素

一、海域承载力的含义

海域承载力关注的对象是特定的海域范围对人类开发活动的综合承载能力，既包括海域资源环境的先天承载力，也包括受社会文化及经济技术发展所影响的后天承载力。

针对一般区域概念，毛汉英等（2001）给出的区域承载力定义为："区域承载力是指不同尺度区域在一定时期内，在确保资源合理开发利用和生态环境向良性循环的条件下，资源环境能够承载的人口数量及相应的经济社会总量的能力。"①针对海岸带地区，狄乾斌等（2004）给出的承载力定义为："一定时期内，以海洋资源的可持续利用、海洋生态环境的不被破坏为原则，在符合现阶段社会文化准则的物质生活水平下，通过自我维持与自我调节，海洋能够支持人口、环境和经济协调发展的能力或限度。可通过海洋资源供给能力、海洋产业经济功能及海洋环境容量三方面表征。"②鉴于目前人类社会对海域的压力主要体现在对各种海洋资源（包括海洋空间、海洋矿产及海洋生物资源）的开发利用以及向海域排放各类污染物方面，我们认为，海域承载力的界定可通过海洋资源的供给和海域的环境容量两大类指标来体现，即在特定的时间范畴内，在保持其特定的生态系统结构和功能不发生显著的不可逆改变的前提下，一个特定海洋区域内海洋资源储量及纳污能力所能支撑的海洋产业规模或海岸带社会经济总量。该定义包含两层含义，一是海洋资源承载力，通过海洋产业发展规模来体现；二是海洋环境承载力，通过海域周边社区的社会经济发展总量来表征。

海域是海洋的重要组成部分，是包括水面和水体在内的特定海洋区域，其空间范围包括内海、领海和公海。海域承载力是区域承载力在海洋中的延伸和应用，由海域环境承载力、资源承载力、生态承载力及社会经济承载力等多个子系统构成。因此，从本质上讲，海域承载力就是指海洋对于人类活动的最大支持程度。

二、海域承载力的属性特征

海域承载力作为区域承载力的特定类型，与一般区域承载力一样具有系统性、开放性、动态性和综合性等特点，除了受区域资源环境制约外，还受区域发展水平、产业结构特点、科技水平、人口数量与素质以及人民生活质量等多种因素的影响。其影响大小因时间而变化，但在某一阶段又具有相对的稳定性。海域承载力的客观性体现在具体的海域承载力主要取决于该海域的自然属性，不同的海域环境具有不同生态系统结构与功能，对内生扰动及外来环境压力具有不同的适应和恢复能力。同样，不同的人类活动对海域生态系统结构及功能的影响也存在差异，表现出不同的系统压力，因而具有不同自然属性的海域对于不同人类活动压力的承受程度也存在很大差异，如河口海湾等半封闭性海域比开放性海域的环境承载力要低很多，而生物多样性高的海域比生物多样性低的海域具有更高的资源与环境承载力。海域承载力的主观性则体现在不同的海洋产业发展阶段和不同的环境质量要求，这也是影响海域承载力大小的重要因素。此外，不同的海域管理目标也决定着海域承载力的基本评价标准，这就造成任何一个特定区域都可以具有多种主观承载力水平，而具体的海域承载力标准选择则是一种主观的、特有的均衡妥协过程。

海域承载力的动态变化性和主观性，使得海域承载力概念在具体海域管理中的应用存在很多问题。一方面，海域承载力是一种多因素复合概念，包括了环境、资源、社会、经济等多重含义，其大小取决于单一因素或多重因素的共同作用，在很多情况下具有"短板效应"，更多地受制于某个特定的"短板"因素；另一方面，海域承载力是一个动态的、随时间变化而变化的概念，与社会经济发展水平紧密相关，这使其定量评估过程存在很大困难，缺乏可量化的评估标准，更多的是进行定性评价，因此往往被视为一种管理概念。在一些领域，如珊瑚礁游憩管理中，海域承载力概念并不适用，已经被其他概念，如可接受变化极限（LAC）所替代。总之，海域承载力是一个难以证明的、非规范性的、客观性和主观性相统一的概念。并且依赖于特定研究或管理目标、外在技术及人类活动投入等因素的条件性极限，具有较大的模糊性和不确定性，难以量化和对决策起到实际作用。

第四节 海域承载力与海岸带可持续发展

一、环境承载力与临海经济发展

一般认为，经济增长与经济自由化在某种意义上有利于环境，而且经验数据表明，经济增长的确可能与一些环境指标的改善有关。对于一些地方性污染物而言，人们收入提高与环境改善之间的倒 U 形曲线关系是有效的，但对于具有累积效应的废水排放及更长期扩散影响的污染物来说是无效的，这些污染经常随着人们收入的增加而增加，这种经济增长与环境之间的一般关系模式对于临海经济同样有效。特定海域内资源及环境承载力是有一定限度的，不可能支持临海经济的无限增长，一些海域环境容量相对较小的临海经济区更是如此，如渤海的渤海湾、莱州湾及辽东湾地区，尽管其资源短缺问题可以通过技术进步及地区间贸易解决，但环境问题只能依靠特定的海域环境容量。经济发展和技术进步只能缓解环境压力而不能从根本上解决环境危机，临海经济发展正面临着日益严峻的海域环境污染问题。

我国沿海经济发展实践已经证明，临海经济越发达，收入水平越高，临海地区生产及生活所产生的废物总量越多，所消耗的资源总量也就越大，所产生的环境压力也就越大。由于一个特定区域可用于经济发展与自然演化过程的低熵物质能量流是一个恒量，因此经济的扩张就意味着自然环境的缩水。结果是随着经济的增长及环境影响的提升，越来越多的生产力必须用于替代品生产及生态系统服务的修复，这反映了经济发展环境负荷的提高。这种经济扩张不仅造成了资源耗损与环境污染，也形成了次生的生态退化，加剧了环境压力，最终造成经济总量增加，但总福利下降的现象。因此，临海经济发展应考虑到作为其环境及资源依托的海域承载力，海域承载力的高低直接关系到临海经济发展的定位与规模，两者是相辅相成的。漠视海域承载力，盲目发展临海经济只能造成海域环境的恶化以及临海社区总体福利的损失。

二、资源承载力与海洋产业

海洋产业是依靠海洋资源与环境来提供投入和产出的产业类型，多数建立在对海洋资源的直接开发利用和对海洋环境的依赖基础上，具有很高的空间依赖性、资源竞争性及环境影响，其发展明显受到特定海域资源环境容量的制约。现有的主要海洋产业类群或者受到海洋资源的制约，或者受到海洋环境的影响，都存在一个明显的资源环境承载极限问题。例如，海洋渔业主要建立在海洋渔业资源承载力基础上，很多海域的捕捞产量已经超过其最高限额，难以继续提升；海上油气开发尚处在发展阶段，但油气资源的不可更新性决定了其最终的发展规模难以超越其资源总储量，而且一些油气开发产生的环境压力给其他产业，如海洋渔业及旅游业带来了负面影响，降低了其环境承载力；而滨海旅游的基础在于环境质量，不同海域的环境质量直接影响到区域总的旅游承载力。对于大多数类型的滨海旅游目的地而言，环境质量对于确保其竞争力具有关键作用，高质量的海域自然环境可以有效地提高特定目的地的形象和吸引力。

海洋产业发展与海域承载力的关系是双向的，一方面特定海域自身对于不同的海洋产业类型具有特定的先天资源与环境承载力，能够维持一定规模的海洋产业健康发展；另一方面，海洋产业发展本身会给其所依赖的海域资源与环境带来不同程度的资源与环境压力。在适度范围内，海洋产业发展给海域资源环境所带来的压力不会超越其先天的海域承载力极限，同时海洋技术进步等因素还可能会提升海域的后天承载力水平，维持更高的海洋产业发展规模。但是，如果海洋产业盲目发展一旦超越了海域承载力极限，不但不会提升原有的海域承载力水平，而且会影响到原有的海域资源环境容量，最终阻碍海洋产业的长期健康持续发展。因此，维持海洋产业健康持续发展的关键是维持海洋产业发展与海域承载力的均衡协调。

三、海域承载力与海岸带可持续发展

海岸带作为海陆交错地带，既承载着陆地人类社会经济的发展，又肩负着海洋生态价值的维护责任，海岸带可持续发展所面临的挑战不言而喻。海岸带可持续发展不但要保持海洋生态支持系统的健康和活力，也要维持海岸带社会经济系统的发展和稳定，协调海岸带社会经济发展压力与海域生态环境承载力的均衡，避免产生不可逆转的改变，将海岸带人类活动尺度和影响保持在可以维持及可以容纳的范围之内是保障海岸带可持续发展的关键。

海岸带可持续发展首先需要一个基于海域承载力的可持续发展规划。海域承载力是衡量海岸带发展是否具有可持续性的重要指标，海岸带可持续发展规划需要明确地认识到海岸带经济系统只是一个有限区域生态系统的子系统，无限的经济增长是不可能的，其发展的稳定性和长期性受到海域环境容量和资源承载力的制约。从宏观经济学的角度看，这意味着一个地区的经济发展水平必须保持在区域承载力范围之内，其人口规模与人均资源利用水平之间要实现均衡。

四、基于海域承载力的海洋产业布局

1. 海域承载力对海洋产业布局的影响

海洋产业布局和海域承载力之间存在着相互影响，相互制约的关系。由于海洋产业布局的不合理，造成海洋资源逐渐枯萎，海洋生态环境问题逐渐突出，逼近海域承载力的阈值，严重制约了海洋产业的发展。针对上述问题，应在可持续利用海洋资源理念的指导下，通过科技进步、产业升级、提高环保意识的措施来调整海洋产业布局，实现海洋产业可持续发展。因此，海域承载力在海洋产业布局调整过程中起着基础性的作用，特别是在海洋功能区规划、海洋产业冲突及区域协作方面表现得更为明显。

（1）海域承载力对海洋功能区划的影响。海洋功能区划是依据海洋自然属性和社会属性，以及自然资源和环境的特定条件，界定海洋利用的领导功能和使用范围。它是结合海洋开发利用现状和社会经济发展需要，划分出具有特定主导功能，适应不同开发方式，并能取得最佳综合受益区域的一项基础性工作，是海洋环境管理的基础，也是海洋产业布局的主要依据，用海功能的确定是建立在对海域自然属性准确认识的基础上，需要对海域自然环境状况进行调查研究，查清区域内自然资源种类、数量、分布、时间与空间上的变化规律，以及自然环境要素情况等，因此，只有在充分考虑海域承载力基础上的海洋功能区划才是科学、真实和合理的。

（2）海域承载力对海洋产业冲突及区域协作的影响。进行海洋产业布局的主要目的是在追求经济发展的同时协调好各海洋产业之间的关系，解决各海洋产业之间的冲突及区域协作问题，以达到海洋产业的协调发展，包括解决利益冲突、进行效益权衡。在进行海洋产业布局时，要根据海洋资源和环境的具体情况合理安排产业结构，进行区域分工协作，避免重复建设。一个地区的海洋资源和环境总量是一定的，各海洋产业的发展必然存在着冲突，为了使该地区的特色产业做大做强，必须放弃与特色产业争夺资源的一些弱势海洋产业的发展。同时，根据各海洋产业就对于海洋资源和环境的共享性和独占性,对海洋产业进行合理的组合,以实现资源共享的集聚效应。例如,船舶制造业与海洋运输业直接的结合通常能够比较好地共享海洋空间资源,相反,港口开发与海洋保护区(如红树林)的结合就存在着冲突。

2. 基于海域承载力的海洋产业布局对策

基于海洋产业布局的原则以及海域承载力制约因素的影响,在海洋产业布局及调整过程中应采取如下对策。

(1)科学测算海域承载力,为海洋产业布局的调整提供科学依据。完善海域承载力理论研究,根据海洋承载力的科学测算,了解本地区海域承载力现状和影响承载力的社会、生态的因素,为海洋产业布局调整提供科学依据。建立海域承载力指标体系,使其能够准确描述海洋经济发展、社会发展和生态环境的状况,为海洋产业布局调整过程中减少对生态环境破坏提供科学的衡量标准。

(2)加强海域使用论证制度的建设。海域使用论证制度是海域管理的一项重要措施,是保障海洋产业合理布局的一项重要手段。为了实现海洋资源的可持续开发利用,在海域使用论证过程中,必须认真分析区域自然环境资源特点,科学、合理地进行海域开发产业布局,建立与海域自然生态系统相协调的开发利用系统,确保海洋经济持续稳定发展。

(3)认真贯彻落实海洋功能区划工作。只有在对海域自然属性准确认识的基础上确定用海功能和用海范围,才能进行合理的海洋产业布局。新的海域使用项目必须符合海洋功能区划,才能纳入合理的区域海洋产业布局。即将全面完成的全国、省、市(县)级海洋功能区划将为海洋管理部门研究各个海区海洋产业布局提供权威性的依据。

(4)优化海洋产业空间布局,促进临海产业集群的形成。根据海洋资源的区位特征、交通条件和市场环境,安排相关的海洋产业,使区域内海洋产业之间形成一种互补关系,降低生产运输成本,形成"区域品牌效应",以提升区域内产业综合竞争力。

(5)制定海洋产业布局规划,建立和完善相关的产业政策。各级政府应根据本辖区海域承载力和整体效益,找出自身的优势,发展特色海洋产业,并制定海洋产业调整规划以及相应的产业政策,重点支持滨海的交通运输、邮电通信、水电等基础设施建设和海洋信息服务业的发展,创造与产业优化相适应的软环境。

第四章　海陆产业关联机理及研究方法

第一节　海陆产业关联与协调发展机理

一、海陆产业关联机制

1. 海陆产业关联的动因

（1）生产要素具有流动性与共有性特征。海陆生产要素的流动性决定了海陆产业系统内部之间的要素交流，主要包括资源交换、资金循环、技术传播、产品流通、信息扩散等方面。而生产要素的共有性是生产活动得以进行的前提条件，各种生产活动只有在拥有共同的生产要素时才能够顺利开展。生产要素的流动促成了产业循环与生产运作，产业布局的空间差异决定了生产要素在产业间流动的同时，也具备了在地域间流动的特征。

（2）海陆产业之间存在着能量梯度[94]。由系统学理论可知，海洋产业子系统和陆地产业子系统都具有诸要素相互作用而积累起来的能量。海陆产业子系统在资源禀赋、空间载体、经济基础强弱、演变历程等诸多方面存在显著差异，从而导致海陆产业系统之间在系统总能量与能量分配等方面有所不同。

（3）海陆产业之间存在互补共存关系。海陆产业系统构成了区域经济发展的两个重要支柱，共同存在于产业巨系统当中。海陆产业系统具有时空同一性，海陆产业系统同处于时间的横断面上，在时间上具有对等性；海陆产业系统在空间布局上存在着错位互补，相互促进。海洋经济在很大程度上还是以陆域经济为依托，海洋渔业、海洋交通运输、海洋油气、船舶工业、海水利用等海洋产业的生产活动基地主要还是布局在沿海陆域，在时空上表现为海陆产业之间的互补共存关系。

（4）海陆产业间存在竞争关系。海陆产业在许多方面存在着竞争关系，如海陆产业在发展空间利用上存在着激烈竞争和矛盾，特别是海岸带地区，临海近岸的区位特征使其成为海陆产业竞相争夺的热点区域，生产要素也是海陆产业争夺的重点对象。按照产业经济发展理论，产业发展在生产要素使用、配置上具有排他性和垄断性，因此，海陆产业间生产要素存在的竞争关系若处理不当，就会带来产业互损，影响海陆产业利益。

2. 海陆产业关联的表现

海陆产业在资源生态环境、产业结构、空间布局等各方面都存在着相互依赖、相互促进、相互制约的关系，海陆资源互补、海陆产业互动、海陆空间布局重叠构成了海陆产业关联的纽带[70]。

（1）在资源禀赋上，海洋资源比陆地资源储量更为丰富。陆域经济的高速发展导致陆域资源日渐枯竭，而海洋资源异常丰富，且开发利用规模小，这就使得海洋产业的发展将具有更大潜力与空间。海洋资源开发领域的进一步拓展将影响并带动陆域经济的发展，缓解陆域资源紧缺与环境恶化等矛盾，致使海陆产业在资源生态环境上表现出较强的关联性。

（2）在产业结构上，海陆产业关联程度很高。海洋经济对资源、产业、资金、技术等要素的依赖非常强，很大程度上需要陆域经济与技术的支撑，海洋经济本质上是一种海陆综合型经济。海洋产业与陆域产业在生产资本、技术、劳动力素质等方面都比较接近，海洋产业的发展会引发陆域生产要素和劳动力逐步进入海洋经济生产领域，从而使海陆产业在产业结构和生产要素上产生了关联性。

（3）在空间布局上，海陆产业相互依托。目前，在很大程度上海洋经济是陆域经济向海的延伸，海洋经济所依托的区域并不完全在海上，而是海陆交错的过渡型区域。海洋产业是陆地产业的向海延伸，对沿海陆域空间具有依赖性，海岸带和沿海地区是海洋产业最终的空间载体，海洋产业通过对陆域产业的前向拉动、侧向影响和后向联系，拉动陆地经济的发展，导致海陆产业在空间上产生关联。

二、海陆产业结构性差异

海洋产业结构与陆域产业结构的演变规律不同，存在着较明显的结构性差异，海洋产业结构的演变滞后于陆域产业。

1. 海洋三次产业结构演进历程

从海洋产业发展的历程角度，海洋产业结构的演化过程可划分为四个阶段[73]。

（1）起步阶段——传统海洋产业发展阶段。由于技术条件水平不高以及资金短缺的限制，最初的海洋经济活动主要是近海的海洋渔业资源开发、盐业生产和短距离的海上交通运输，海洋产业开发呈现起步开发特征，海洋产业多是以海洋渔业、海洋盐业和海洋交通运输业等传统产业作为主要发展内容，海洋产业结构水平呈现明显的"一三二"的排列特征。如我国在1978年以前海洋经济仅有海洋渔业、盐业和海洋交通运输业三大传统产业。

（2）初级阶段——海洋第一产业和第三产业交替演化阶段。在海洋科技进步、资金积累以及经济发展水平不断提高等背景下，海洋水产品加工业、滨海旅游业等相继出现并逐步快速发展，海洋第三产业规模比重逐渐超过海洋渔业规模比重，海洋产业结构也相应地由"一三二"顺序转型为"三一二"顺序。

（3）中级阶段——海洋第二产业大发展阶段。在这一阶段，海洋技术取得更大进步发展、资金获得广泛积累，投入到海洋领域的资金技术不断增多，海洋产业发展的重点也逐步转移到资金密集型或技术密集型的海洋油气开采、海洋矿产资源开发、海洋船舶修造、海洋工程建设、海洋生物医药开发等海洋第二产业，海洋经济进入到高速发展阶段，从而推动了海洋产业结构不断升级，在这一阶段从"三一二"顺序演变到"二三一"顺序。

（4）高级阶段——海洋产业发展高级化阶段。随着海洋科技大发展大进步，海洋开发的深度与广度不断扩大，海洋产业门类与开发内容不断增加，海洋经济获得了大发展。这一阶段，海洋经济发展模式也更加集约化与多元化，技术进步促进了传统海洋产业的改造升级，新兴海洋产业规模不断扩大，海洋交通运输业、滨海休闲旅游、海洋信息服务等为主的海洋第三产业进入高发展阶段，海洋第三产业规模比重重新占据海洋经济体系中的首要地位，成为海洋经济支柱，海洋产业结构演变为"三二一"的顺序。

综上所述，海洋产业的"一二三"次产业结构顺序正在向"三二一"次海洋产业结构顺序发展。目前，世界海洋经济发展中出现的"三二一"次产业的结构顺序，基本上反映了当代海洋经济发展变化的趋势。海洋第一产业（主要是海洋水产业）目前在海洋经济体系中的地位已大大下降；包括海洋油气业、船舶修造、海洋水产品深加工等海洋第二产业迅速发展，目前在海洋经济体系中起主导作用；包括滨海旅游业、海洋运输业和海洋信息服务业等海洋第三产业也进一步发展，在海洋经济体系中的比重已上升到第一位。可见，海洋产业结构的演化规律与区域产业结构演变存在一定差异，海洋产业结构的"三二一"结构顺序基本上反映了海洋经济发展的规律。

2. 海洋产业演进阶段划分

在海洋经济漫长的发展过程中，随着海洋资源利用的深入和拓展，海洋产业部门不断增多，海洋经济产业群不断积聚扩大（表4.1）。

表 4.1　海洋经济产业群的演进过程

Tab. 4.1　The evolution of the marine industry group

传统海洋经济阶段	传统向现代过渡阶段	现代海洋经济阶段	海洋知识经济阶段
海洋渔业	海洋渔业	海洋渔业	海洋渔业
海洋盐业	海洋交通运输业	海洋交通运输业	海洋交通运输业
海洋交通运输业	海洋盐业	海洋盐业	海洋盐业
海洋船舶业	海洋船舶工业	海洋船舶工业	海洋船舶工业
	滨海旅游业	滨海旅游业	滨海旅游业
	海洋化工业	海洋化工业	海洋化工业
	海洋油气业	海洋油气业	海洋油气业
		海洋电力业	海洋电力业
		海洋生物医药业	海洋生物医药业
		海水利用业	海水利用业
			海洋矿业
			海洋环保业
			海洋信息服务业

（1）传统海洋产业发展阶段。20世纪60年代以前的这一段时期，海洋资源开发初级且技术含量较低，形成的海洋产业门类较少，是海洋经济在国民经济中最不显著的阶段，发展的海洋产业仅有海洋渔业、海洋盐业、海洋交通运输业、海洋船舶业等传统海洋产业。

（2）传统向现代海洋经济过渡阶段。到了20世纪80年代，海洋经济开始向现代阶段过渡，随着海洋经济发展规模的提高，以及资金技术逐步积累，海洋油气开采业和滨海旅游业两个新兴产业逐渐兴起发展，所占比重虽然较小，但是仍预示着传统海洋经济向现代海洋经济发展的趋势。

（3）现代海洋经济阶段。从20世纪90年代中期开始，在科技进步支撑下，对海洋资源的利用更为深入和广泛，海洋产业部门逐渐增多，新兴海洋领域以及海洋高技术产业发展迅速，海洋经济转入现代阶段。

（4）海洋知识经济阶段。技术进步促进了传统海洋产业的改造升级，新兴海洋产业规模进一步扩大，海洋信息服务、海洋技术研发、现代滨海休闲旅游等新兴海洋服务业开始快速发展，海洋第三产业比重逐渐提升并上升到第一位比重，对海洋的利用真正进入海洋知识经济阶段。

三、海陆产业结构与生产要素的协调

（1）海洋产业结构与陆域产业结构相互联系[95]。诸如资金、技术、劳动力等陆地的生产要素与产业基础，能够促进海洋资源的深度与广度开发，进而推动海洋经济的全面发展。一般来说，海洋经济发展较好的地区陆域经济也都较发达。比如我国的山东、广东、上海等省市，海洋经济水平较高，同时陆域经济也位居前列。要解决海洋经济发展中出现的技术、资金、人才等制约，需要依靠陆地资源的支撑以及在与陆地经济的相互关联中才能得以实现。而陆域经济发展空间拓展以及发展地位的提升，也需要依托海洋优势的发挥和海洋重要地位提升，海陆产业协调发展往往是海陆经济优势与地位提升的关键。

（2）海洋产业与陆域产业生产要素互相流通。海陆产业间相互关联关系的建立，是通过资金、能源、劳动力、技术、生产信息等各生产要素在海陆产业子系统间不断流通与循环实现的。海洋产业滞后于陆域产业，海洋产业的经济基础还很薄弱，海陆系统之间存在着由陆向海的能量梯度，这就使得海陆产业在资金、技术、人才、资源、信息等生产要素上存在着流通趋势，以便陆域产业能够更好的发展并进入海洋产业领域，促进海洋经济发展。同时，海洋经济的高技术、高资金投入、复杂性、综合性等特征，吸引陆地更多的资金、技术、劳动力、知识信息等生产要素进入海洋经济领域，海陆产业之间通过生产要素流动得以联通。依据产业集聚效益，陆域更多的生产要素会向生产效率更高的沿海地区集中，海洋产业不断集聚，海洋产业结构水平不断优化提升。而且随着生产要素流通效率的不断提高，相应地降低了生产成本，提高海陆经济效益，最终实现海陆产业全面协调发展。

四、海陆产业在资源环境和空间布局上的协调

（1）海陆产业在生态资源环境上协调利用。海洋生态系统和陆地生态系统之间存在着频繁的物质和能量交换，海陆产业发展受海陆生态环境巨系统

的共同影响。海陆生态系统之间存在着气候、地貌、生物、元素迁移和人类经济等过程交互关系，是实现海陆统筹发展的自然基础。然而在沿海交互区域的生态系统一般都比较脆弱，海洋经济迅速扩大给海洋生态系统带来巨大变化，有可能会破坏掉海陆生态系统之间业已稳定的平衡。因此，如何保持海陆生态系统间的平衡关系，使海陆经济社会发展与海陆资源环境承载力之间相互协调，是实现海陆统筹发展的重要基础。

（2）海陆产业空间布局上互为配套。海洋产业的发展严重依赖沿海陆域的经济基础、资金、技术、劳动力等要素支撑，海洋经济对陆地空间具有依赖性。例如海洋捕捞与养殖、海洋油气开采、海洋矿产资源开发、海洋交通运输等海洋产业，虽然最初的生产环节在海上，但其他的环节如加工、销售、储存、流通等都需要在陆地完成。海洋水产品加工、海洋盐业、海洋生物医药、海洋化工、船舶修造等产业生产，几乎都是在陆地上完成。海洋开发需要的相关产业设备、设施，都需要在陆地上完成，海洋资源利用业发生在陆地。若陆域产业的布局不甚合理，就不能对海洋经济发展提供有效支撑。反过来考虑，沿海陆域产业的发展同时对海洋资源和空间有较强的依赖性。陆域产业结构模式很大程度上都与海洋有关，依托海洋丰富资源与空间，建立起直接与间接地开发利用海洋的产业，沿海陆域的产业组成部门也多是海洋产业内容，海洋经济在沿海陆域经济体系中占据有相当大的比重。

第二节　海陆产业协调的相关研究方法

一、海陆产业关联度

产业关联，是指社会生产中不同部门、不同行业之间的相互联系。产业关联度，是对不同产业之间相互联系、相互依存、相互促进推动程度的衡量，海陆产业关联度是衡量海陆产业一体化与海陆经济统筹发展的重要依据。海陆产业关联是多层次的，对于海陆产业之间的关联分析方法也是多种多样的。目前的产业关联理论，主要基于投入产出法，侧重于研究产业中间投入和中间产出间的关系[99]。本文拟通过对相关方法的梳理总结，探讨各种海陆产业关联度的计算方法及其适用性，探讨如何通过灰色关联理论与方法，来解决海陆产业关联度的计算问题。

1. 理论基础和模型设定

灰色系统理论是由我国华中理工大学邓聚龙教授在 20 世纪 80 年代提出的，基于数学理论的系统工程学科，研究少数据、贫信息不确定性问题的新方法，主要解决一些包含未知因素的特殊领域的问题，现在已广泛应用于经济、社会等众多领域。

以灰色系统理论为基础，灰色关联分析法通过计算关联度指标，分析各种不确定因素对客观事物的影响程度，并从中找出主要的影响因素。与数理统计方法相比，灰色关联分析法对样本数量与分布没有特殊要求，计算量小且简便，目前一般都采用灰色关联度来计算产业关联度。根据序列曲线几何形状的相似程度，可以判断序列之间联系紧密程度，据此可以推断序列之间的灰色关联度。若曲线形状越相似，关联度就越大，反之就越小[100]。计算公式为：

$$\gamma(x_0(k),\ x_1(k)) = \frac{\min\limits_{i}\min\limits_{k}|x_0(k)-x_1(k)| + \xi\max\limits_{i}\max\limits_{k}|x_0(k)-x_1(k)|}{|x_0(k)-x_1(k)| + \xi\max\limits_{i}\max\limits_{k}|x_0(k)-x_1(k)|}$$

$$\gamma(X_0,\ X_1) = \frac{1}{n}\sum_{k=1}^{n}\gamma(x_0(k),\ x_i(k))$$

其中，$\gamma(x_0,\ x_i)$ 为 X_0 与 X_1 的灰色关联度，$\xi \in (0,\ 1)$ 为分辨系数。一般 ξ 的取值区间为 $(0,\ 1)$，ξ 越小，分辨力越大。当 $\xi \leqslant 0.5463$ 时，分辨力最好，通常取 $\xi = 0.5$。

2. 陆海产业关联度计算

参考近期相关研究成果，对灰色相近关联度、灰色相似关联度等模型进行修正，本文使用灰色近似关联度来测算海陆产业关联度，以期能够较为客观地反映海陆产业关联度的变化。其具体的计算步骤如下。

（1）灰色综合关联度模型。

对系统行为系列：

$$X_0 = (x_0(1), \ x_0(2), \ \cdots, \ x_0(n))$$

$$X_1 = (x_1(1), \ x_1(2), \ \cdots, \ x_1(n))$$

······

$$X_i = (x_i(1), \ x_i(2), \ \cdots, \ x_i(n))$$

······

$$X_m = (x_m(1), \ x_m(2), \ \cdots, \ x_m(n))$$

第一步：计算灰色绝对关联度

①进行始点零化处理

$$X_i^0 = X_i(K) - X_i(1)$$

②求 $|S_0|$, $|S_i|$, $|S_i - S_0|$

$$|S_0| = \left| \sum_{k=2}^{n-1} X_0^0(k) + \frac{1}{2} X_0^0(n) \right|$$

$$|S_i| = \left| \sum_{k=2}^{n-1} X_i^0(k) + \frac{1}{2} X_i^0(n) \right|$$

$$|S_i - S_0| = \left| \sum_{k=2}^{n-1} (X_i^0(k) - X_0^0(k)) + \frac{1}{2} (X_i^0(n) - X_0^0(n)) \right|$$

③计算灰色绝对关联度

$$\varepsilon_{0i} = \frac{1 + |S_0| + |S_i|}{1 + |S_0| + |S_i| + |S_i - S_0|}$$

第二步：计算灰色相对关联度

①求初值像

$$X'_i(K) = X_i(K) / X_i(1)$$

②求始点零化像

$$X'^0_i = X'_i(K) - X'_i(1)$$

③求 $|S'_0|$, $|S'_i|$, $|S'_i - S'_0|$

$$|S'_0| = \left| \sum_{k=2}^{n-1} X'^0_0(k) + \frac{1}{2} X'^0_0(n) \right|$$

$$|S'_i| = \left| \sum_{k=2}^{n-1} X'^0_i(k) + \frac{1}{2} X'^0_i(n) \right|$$

$$|S'_i - S'_0| = \left| \sum_{k=2}^{n-1} (X'^0_i(k) - X'^0_0(k)) + \frac{1}{2} (X'^0_i(n) - X'^0_0(n)) \right|$$

④计算灰色相对关联度

$$r_{0i} = \frac{1 + |S'_0| + |S'_i|}{1 + |S'_0| + |S'_i| + |S'_i - S'_0|}$$

第三步：计算灰色综合关联度

$$C_{0i} = \theta\varepsilon_{0i} + (1 + \theta)r_{0i} \quad 其中：\theta \in [0, 1]$$

（2）灰色近似关联度模型。

第一步：计算灰色相近关联度

①求 $|S_i - S_0|$

$$|S_i - S_0| = \left| \sum_{k=2}^{n-1} (X_i^0(k) - X_0^0(k)) + \frac{1}{2}(X_i^0(n) - X_0^0(n)) \right|$$

②计算灰色相近关联度

$$\rho_{0i} = \frac{a}{a + |S_i - S_0|}, \quad 其中 a 为与 |S_i - S_0| 相关的常数$$

第二步：计算灰色相似关联度

①对 X_0 和 X_i 作一次累减，得差值

$$k_0(t + 1) = x_0(t + 1) - x_0(t)$$
$$k_i(t + 1) = x_i(t + 1) - x_i(t)$$

②计算灰色斜率关联系数

$$\xi_{0i}(t) = \frac{1 + \left| \dfrac{\Delta x_0(t)}{\bar{x}_0} \right|}{1 + \left| \dfrac{\Delta x_0(t)}{\bar{x}_0} \right| + \left| \dfrac{\Delta x_0(t)}{\bar{x}_0} - \dfrac{\Delta x_0(t)}{\bar{x}_i} \right|}, \quad 其中 \bar{x} = \frac{1}{n}\sum_{i=1}^{n} x(t)$$

③计算灰色相似关联度

$$\varepsilon_{0i} = \frac{1}{n - 1}\sum_{i=1}^{n-1} \xi_{0i}(t)$$

第三步：计算灰色相似关联度

$$C_{0i} = \theta\varepsilon_{0i} + (1 - \theta)\rho_{0i}, \quad 其中：\theta \in [0, 1]$$

二、基于 DEA 的协调效率评价模型

1. DEA 有效性评价的原理

海陆统筹强调对海陆经济系统进行资源的优化配置，促进海陆系统整体性发展，实现区域经济整体效益的提高和生态环境的保护。海陆经济系统之间的势能差与能量流、物质流、信息流是海陆经济系统联系的关键点，也是

实现海陆协调持续发展的重要切入点，因此选取具有效率评价作用的数据包络分析方法，对海陆产业协调发展进行定量评价。

数据包络分析[101]（Data Envelopment Analysis）简称 DEA，是一种效率评价方法，通过建立数学规划模型，考虑多个投入和产出，从而对决策单元（Decision Making Units，简记 DMUs）间的相对有效性进行评价。输入的数据一般为在决策活动需要耗费的资源，而输出的数据一般为经过生产活动所转化产出成果信息量。DEA 方法是一种非参数的统计估计方法，可以直接输入输出数据，建立非参数 DEA 模型进行分析，指标权重从公平角度出发由数学规划直接产生，效率值不受不同计量单位的影响，从而可以避免量纲不一致所产生的诸多问题。DEA 模型可以指出单元非有效原因和程度，可进行差额变量分析、敏感度分析与效率分析等，根据评价结果判断决策单元的投入规模是否恰当，对要素投入的大小和方向进行调整。DEA 遵循"最优化"原则，不受宏观调控与制度变迁的影响，分析样本的"相对有效性"运用线性规划判断决策单元是否位于生产前沿面上，克服了生产函数的风险及平均性的缺陷，得出的结果也更加准确。

生产前沿面是指生产函数向多产出情况的一种推广，DEA 模型可判断 DMU 是否位于生产可能级的生产前沿面上。通过对输入输出数据在包络线上的分布位置对 DMU 的有效性进行分析，落在包络线上为有效，落在包络线以外为无效性。假设有 5 个决策单元分别是 A、B、C、D、E，生产前沿面是由一系列的分段等产量线组成，E 决策单元位于生产前沿线以外，属于技术无效单元，其他的为有效技术单元。与 E 决策单元相对应的前沿面的点是 D，D 为有效决策单元，D 点的投入可以生产出不少于 E 的产出，表明 E 使用了过多的资源。此时，E 的效率可以用 OD/OE 来表示，当效率值为 1 时，为 DEA 有效（图 4.1）。在 DEA 分析方法中比较常用的模型有 C^2R 模型、BC^2 模型、C^2GS^2 模型，各模型都是通过构造线性规划模型来求解各决策单元的相对效率，进而得出投入产出的目标数值，对投入产出规模进行修订。

2. DEA 有效性的经济意义和规模收益分析

在 DEA 方法中，C^2R 模型和 C^2GS^2 模型是两个最基本的模型，分别是对总体效率和纯技术效率分的评价，可以同时从总体有效率和纯技术效率的角度对非 DEA 有效的决策单元进行建议和改进。

（1）DEA 评价模型。

对于一个确定的项目，假设有 n 个决策单元，每个决策单元都有 m 个输

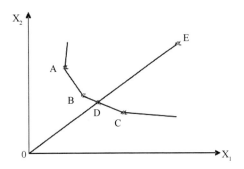

图 4.1 基于 DEA 的有效性评价原理

Fig. 4.1 The principium of DEA estimating validity

入指标和 s 个输出指标，分别为评级单元 DMU 的输入输出指标数据。对输入、输出进行综合化处理，将多维数组有理化转化为一维数组，引入一组权重系数 v $(v_1, v_2, v_3, \cdots\cdots, v_m)^T$，$u$ $(u_1, u_2, u_3, \cdots\cdots, u_s)^T$，即选取适当的权重系数 v 和 u，使被评价决策单元 DMU 的效率指数 h_0 为最大，并以效率指数 $h_j \leqslant 1$ 为约束，构成 DEA 优化模型。

对于 DMU，相对有效性 DEA 模型为：

$$\begin{cases} \max = \dfrac{\displaystyle\sum_{r=1}^{s} u_r y_{rj}}{\displaystyle\sum_{i=1}^{m} v_i x_{rj}} \\[3em] s.t. \ \dfrac{\displaystyle\sum_{r=1}^{s} u_r y_{rj}}{\displaystyle\sum_{i=1}^{m} v_i y_{rj}} \leqslant 1 \\[3em] v = (v_1, v_2, v_3, \cdots v_m,)^T \geqslant 0 \\[0.5em] u = (u_1, u_2, u_3, \cdots u_s,)^T \geqslant 0 \end{cases}$$

公式经 Charnes-Cooper 变换，分式规划问题可以转化为一个等阶的线性问题。

$$P\begin{cases} \text{Max} \quad V_L = \sum_{r=1}^{s} u_r y_{rj} \\[2ex] s.t. \; - \sum_{i=1}^{m} w_i x_{ij} + \sum_{r=1}^{s} u_r y_{rj} \leqslant 0 \\[2ex] \quad\quad\quad \sum_{i=1}^{m} w_i x_{ij} = 1 \\[2ex] w_i \geqslant 0, \; i = 1, \; 2, \; \cdots m \\[1ex] u_r \geqslant 0, \; r = 1, \; 2, \; \cdots s \end{cases}$$

为了方便进行 DEA 有效性的评价，引入松弛变量和非阿基米德无穷小量 ε（在运算中，ε 取 10^{-7}），重新构建 DEA 模型如下：

$$\begin{cases} \min(\theta - \varepsilon(e_1^T s^- + e_2^T s^+)) \\[2ex] s.t. \sum_{j=1}^{n} \lambda_j x_j + s^- = \theta x_0 \\[2ex] \sum_{j=1}^{n} \lambda_j - s^+ = y_0 \\[2ex] \rho \sum_{j=1}^{n} \lambda_j = \rho, \; \rho = 0 \text{ 或者 } 1 \\[2ex] \lambda_j \geqslant 0, \; j = 1, \; 2, \; \cdots, \; n \\[1ex] s^- \geqslant 0, \; s^+ \geqslant 0 \end{cases}$$

其中，$s^- = (s_1^-, \; s_2^-, \; \cdots s_m^-, \;)^T$, $s^+ = (s_1^+, \; s_2^+, \; \cdots s_r^+, \;)$ 分别为输入输出松弛变量。

当 $\rho = 0$ 时，为 C^2R 模型，当 $\rho = 1$ 时，为 C^2GS^2 模型。

（2）DEA 有效性的经济意义。

通过模型分析，可以看出 C^2R 模型的最优解为 λ^*, s^{-*}, s^{+*}, θ^*，则有：

若 $\theta^* = 1$, $s^{-*} \neq 0$, $s^{+*} \neq 0$，则说明该决策单元 DMU 是弱 DEA 有效。其经济意义是：DMU 的生产活动不同时技术有效和规模有效；若 $s^{+*} > 0$，则表示第 t 种输出指标与最大的输出指标还有 s^{+*} 的不足；若 $s^{-*} > 0$，表示 s 种输入指标有 s^{-*} 没有被充分利用。

若 $\theta^* = 1$, $s^{-*} = 0$, $s^{+*} = 0$，则该决策单元 DMU 是 DEA 有效的，说明决策单元 DMU 的生产活动同时技术有效和模型有效，各种资源得到了充分利用，取得了最大的输出效果。

若 $\theta^* < 1$，则说明决策单元 DMU 不是 DEA 有效的。它的生产活动既不是技术有效同时也不是规模有效，生产活动的输入规模过大，产出水平没有达到最佳规模。

同理，C^2GS^2 模型的最优解为 λ^*，s^-，s^{+*}，σ^*，由 σ^* 来判断决策单元 DUM 的 DEA 是否有效。

（3）规模收益分析。

根据 DEA 理论，规模效率的计算公式为：$s^* = \dfrac{\theta^*}{\sigma^*}$，由此可知：

若 $s^* = 1$，即 $\theta^* = \sigma^*$，则 DMU 为规模收益不变；

若 $s^* < 1$，即 $\theta^* < \sigma^*$，如果 $\sum \lambda_j^* < 1$，则 DMU 为规模收益递增；如果 $\sum \lambda_j^* > 1$，则 DMU 为规模收益递减。

（4）协调发展模型。

海陆产业协调表示的是区域内海洋产业与陆域产业之间的协调异质性。海洋产业与陆域产业之间存在着较强的物质能量交换，海陆产业协调利用海陆产业之间的互补关系，提高资源的配置与利用效率，实现资源的充分利用，从而凸突显海陆经济的整体效益。以海陆经济系统间的能量流、物质流、信息流来建立海陆产业之间的投入产出关系，进而可以利用包络分析的方法对海陆产业协调的相对效益进行评价[102]。海陆产业要实现协调持续发展，则应该建立在海洋系统为陆域经济发展提供较高的效率，同时陆域系统又为海洋经济的发展提供较高的效率基础上。则海陆经济协调持续发展的状态协调度为：

$$\gamma = \min(\theta_1, \theta_2)/\max(\theta_1, \theta_2)$$

协调度越高，说明二者之间的发展具有较高的同步性与一致性；协调度越低，说明二者之间的发展不具备同步性和一致性。

第三节　辽宁省海陆产业关联度分析

一、辽宁省海洋经济发展概况

辽宁地处环渤海和东北亚经济圈关键地带，自然资源丰富，工业基础雄厚，拥有畅通的交通运输体系。辽宁省东临黄海、西环渤海，是东北地区唯一临海省份。全省大陆海岸线长 2 110 千米，共有海湾 52 个，深水岸线 400 千米，优良港址 38 处。近海海域面积 6.8 万平方千米，滩涂面积 20.7 万公顷。全省有岛、坨、礁 633 个。沿海生物资源丰富，已开发利用海洋生物 80 余种。滨海旅游景区近百处，天然海水浴场 83 处。全省近海海域有石油储量约 7.5 亿吨，天然气储量约 1 000 亿立方米，滨海砂、矿储量约 2 亿立方米，晒盐面积 591 平方千米。

辽宁省海洋事业发展起步于 20 世纪 80 年代中期，主要集中在航运、盐业、渔业及芦苇生产。1986 年辽宁省委、省政府提出了建设"海上辽宁"的战略目标。2005 年省委、省政府经认真研究论证，提出了打造"五点一线"沿海经济带的战略构想，并将其纳入全省国民经济和社会发展"十一五"规划。2009 年，国务院通过了《辽宁沿海经济带发展规划》，辽宁沿海经济带开发开放战略已上升为国家发展战略，这对于不断提高东北沿海对外开放质量和水平，加快辽宁沿海经济带建设，振兴东北老工业基地、形成陆海统筹发展、陆港互动发展、区域协调发展等具有重要意义（图 4.2）。

图 4.2　辽宁沿海经济带区位示意图

Fig. 4.2　The geographic location of Liaoning coastal economic belt

伴随着辽宁沿海经济带开发开放战略的深入实施，沿海地区开发开放全面加快，海洋经济与海洋产业发展迅速。2013 年，辽宁省海洋生产总值

3 741.9 亿元，比上年增长 14.8%，海洋生产总值占全省地区生产总值的比重达到 13.8%，海洋三次产业结构为 13.4：37.5：49.2，海洋经济在全省经济发展中占有重要地位（图 4.3）。

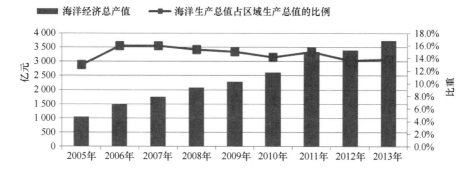

图 4.3　2005—2013 年辽宁省海洋生产总值及占辽宁省地区生产总值的比重

Fig. 4.3　The gross ocean product in the gross regional product

（注：数据来源于《2014 年辽宁省统计年鉴》及《中国海洋统计年鉴 2006—2014》）

（1）海洋产业结构明显优化。海洋生物制药、海水综合利用等新兴产业成为新亮点，产业结构进一步优化，海洋三产业比重由 2005 年的 20：35：45，调整为 2013 年的 13.4：37.5：49.2。

（2）海洋渔业快速发展。2013 年，全省渔业经济总产值 1 483 亿元，比上年增长 10.6%；增加值 751 亿元，增长 10.3%。水产品总产量 505 万吨，增长 5.5%。虾夷扇贝、刺参、裙带菜、海蜇养殖面积全国最大，鲍鱼、海胆、大菱鲆等品种养殖居全国前列。"辽参辽鲍"名列前茅，中外闻名，正在形成品牌效应。

（3）船舶制造业优势突出。船舶出口增长迅速，造船业出口优势凸显，船舶出口到 35 个国家和地区。2013 年，全省船舶工业总产值 460.3 亿元。

（4）海洋交通运输业发展迅猛。辽宁有大小港湾 40 余个，与世界 140 多个国家和地区通航，初步形成了大连港、营口港、丹东港、锦州港、盘锦港、葫芦岛港等港口共同大发展格局。同时，大连东北亚重要国际航运中心的建设，更给辽宁省海洋交通运输事业发展增添了新的动力。2013 年全省港口吞吐量 9.8 亿吨，比 2012 年增长 11.3%，其中集装箱吞吐量达到 1 798.2 万标准箱，比 2012 年增长 18.8%。

（5）滨海旅游业快速发展。2013 年全省主要沿海城市旅游收入 81 341 万美元，比 2012 年减少 6.8%；全年接待旅游者人数 15 225 万人次，比 2012 年增长 12.1%。游艇俱乐部、海洋休闲度假区、海洋主题游等项目成为休闲文化主体。

(6) 海洋科技自主创新。"十一五"期间，全省全面实施科技兴海，大力发展海洋新兴产业，先后完成了国家"863"、自然科学基金、国家海洋公益性行业专项等重大攻关项目百余项，获省级以上科技进步奖 50 余项。

二、我国沿海省份海洋经济发展的区域差异及辽宁的地位

2013 年，我国沿海省份海洋经济发展迅猛，大多数地区年均增长率都保持在两位数。但是从横向比较来看，地区间无论在经济总量、经济密度还是产业结构等方面都还存在较大差异[107]。

1. 海洋经济总量

沿海地区是我国发展程度最高的地区，地区生产总值占全国 GDP 的比重接近 53%。然而，沿海地区各省市海洋经济发展并不均衡（图 4.4）。以地区海洋生产总值来看，广东、山东、上海、浙江、福建为第一类地区，海洋生产总值都在 5 000 亿元以上；江苏、天津、辽宁、河北为第二类地区，海洋生产总值在 1 000 亿元至 4 000 亿元之间；广西、海南为第三类地区，海洋生产总值小于 900 亿元。其中，第一类海洋生产总值合计占到全国的 69%，第三类地区海洋生产总值仅占 3%。可以看出，辽宁海洋经济总量在全国 11 个沿海省份排名中位居第 8 位，属于第二类地区，海洋经济总量规模仍较小。

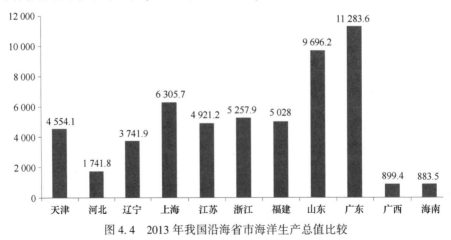

图 4.4　2013 年我国沿海省市海洋生产总值比较

Fig. 4.4　The coastal provinces of marine product comparison in 2013

2. 海洋经济密度

根据 2006 年和 2013 年有关数据，用海洋经济密度分析沿海各省份的海洋经济发展情况（表 4.2）。

表 4.2 2006 年和 2013 年我国沿海地区单位岸线海洋经济密度变化

Tab. 4.2 The coastal areas of China coastline unit marine economy density in 2006 and 2013

地区	海岸线长（km）	2006 年			2013 年		
		海洋生产总值（亿元）	经济密度（亿元/km）	排名	海洋生产总值（亿元）	经济密度（亿元/km）	排名
上海	172.3	3 988.2	23.15	1	6 305.7	36.59	1
天津	153.0	1 369	8.95	2	4 554.1	29.76	2
河北	487.0	1 092	2.24	3	1 741.8	3.57	4
江苏	953.9	1 287	1.35	4	4 921.2	5.15	3
山东	3 024.4	3 679.3	1.21	6	9 696.2	3.20	6
广东	3 368.1	4 113.9	1.22	5	11 283.6	3.35	5
浙江	2 200.0	1 856.5	0.84	7	5 257.9	2.38	7
辽宁	2 110.0	1 478.9	0.68	8	3 741.9	1.77	8
福建	3 051.0	1 743.1	0.57	9	5 028.0	1.64	9
海南	1 617.8	311.6	0.19	10	883.5	0.54	11
广西	1 595.0	300.7	0.18	11	899.4	0.56	10

资料来源：《中国海洋统计年鉴》（2007/2014 年）

结果显示：上海平均每千米海岸线的海洋生产总值从 2006 年的 23.14 亿元上升到 2013 年的 36.59 亿元，居 11 个沿海省市之首；天津从 8.95 亿元上升到 29.76 亿元，居第二；江苏从 1.35 亿元上升到 5.15 亿元，居第三。河北、广东和山东 2 亿~3 亿元，分居沿海省份的第 4~6 位。浙江、辽宁、福建的单位岸线海洋经济产值在 1 亿~2 亿元之间，位居沿海省份的第 7~9 位；广西和海南的单位岸线海洋经济产业不足 1 亿元，位列第 10 和第 11 位。可以看出，辽宁省海洋岸线资源开发效率不高，一直处于全国 11 个沿海省份的下游位置。

3. 海洋产业结构

地区的优势和地位不同，其产业结构也不近相同。我国沿海地区产业结构的区际差异较为明显，第一、二、三产业发展不够均衡（表4.3）。

表4.3　2013年我国沿海地区海洋三次产业结构比重

Tab. 4. 3　The three industrial structure proportion of China's coastal areas in 2013

地区	海洋第一产业	海洋第二产业	海洋第三产业
天津	0. 2	67. 3	32. 5
河北	4. 5	52. 3	43. 2
辽宁	13. 4	37. 5	49. 2
上海	0. 1	36. 8	63. 2
江苏	4. 6	49. 4	46. 0
浙江	7. 2	42. 9	49. 9
福建	9. 0	40. 3	50. 7
山东	7. 4	47. 4	45. 2
广东	1. 7	47. 4	50. 9
广西	17. 1	41. 9	41. 0
海南	23. 9	19. 4	56. 7

资料来源：《中国海洋统计年鉴》（2014年）。

　　天津、河北、江苏、山东等省份的海洋第二产业较为发达，重化趋势比较明显；上海、海南、福建、广东等省份的海洋第三产业比重较大，海洋服务业特别是滨海旅游业较为发达；海南、广西和辽宁的第一产业比重较大，说明海洋产业结构层次还较低。近年来，辽宁省海洋产业结构在不断调整中优化完善，海洋三次产业结构比已由1999年的69∶21∶9变化到2013年的13.4∶37.5∶49.2，但仍然滞后于全国海洋产业结构水平（海洋的三次产业结构比由1999年的55∶15∶30变化到2013年的5.4∶45.9∶48.8），在全国沿海各省区处于中下游水平。辽宁的传统海洋产业一直占据主导地位，在整个海洋经济总产值中的比重在半数以上，海洋渔业、盐业、交通运输业等传统产业转型升级步伐较为缓慢，科技创新含量低。随着辽宁沿海经济带开发开放以及海洋资源开发的复杂化与多元化，辽宁省新兴海洋产业发展速度较快，目前已与传统海洋产业的比重基本相当，但由于新兴海洋产业起步晚、规模小、水平低，除了海洋工程建筑业和海水综合利用业有初步发展外，海洋医药生物产业和海洋电力产业等新兴产业还没有发展起来。滨海旅游业增势较大，但基数相对较低。海洋生物医药、油气开采虽已显示良好发展势头，但所占比重较小，还跟不上海洋经济发展的形势。

三、辽宁省海陆产业关联度分析

1. 数据的选取

在数据获得上，鉴于2006年以前的中国海洋经济统计数据没有统计省级层面海洋三次产业的增加值情况，2006年及以后的《中国海洋统计年鉴》按照省级层面统计了海洋三次产业增加值，故本文选取辽宁省2006—2013年的经济发展数据（表4.4~表4.6），采用灰色关联模型对辽宁省海洋三次产业、主要海洋产业和陆域经济之间的关联度进行分析。

表 4.4　2006—2013 年辽宁省海洋经济总产值

Tab. 4. 4　The gross ocean product in Liaoning from 2006 to 2013

年份	海洋经济总产值（亿元）	海洋第一产业产值（亿元）	海洋第二产业产值（亿元）	海洋第三产业产值（亿元）	海洋经济总产值占地区生产总值的比重（%）
2006	1 478.9	146.4	791.2	541.3	15.9
2007	1 759.8	198.0	899.0	662.9	15.9
2008	2 074.4	252.0	1 073.8	748.6	15.4
2009	2 281.2	330.8	982.8	967.6	15.0
2010	2 619.6	315.8	1 137.1	1 166.7	14.1
2011	3 345.5	437.1	1 445.7	1 462.7	15.1
2012	3 391.7	447.0	1 339.7	1 605.1	13.7
2013	3 741.9	499.6	1 402.7	1 839.6	13.8

数据来源：《中国海洋统计年鉴》（2007—2014 年）。

表 4.5　2006—2013 年辽宁省地区生产总值

Tab. 4. 5　The gross regional product in Liaoning from 2006 to 2013

单位：亿元

年份	地区生产总值	第一产业产值	第二产业产值	第三产业产值
2006	9 251.15	976.37	4 729.50	3 545.28
2007	11 023.49	1 133.40	5 853.10	4 036.99
2008	13 461.57	1 302.00	7 512.11	4 647.46
2009	15 212.49	1 414.90	7 906.34	5 891.25
2010	18 457.27	1 631.08	9 976.82	6 849.37
2011	22 226.70	1 915.57	12 152.15	8 158.98
2012	24 846.43	2 155.82	13 230.49	9 460.12
2013	27 077.65	2 321.63	14 269.46	10 486.56

数据来源：《2014 辽宁省统计年鉴》。

表 4.6　2006—2013 年辽宁省主要海洋产业产值增加值

Tab. 4.6　The gross output value and added value of major marine

industries in Liaoning from 2006 to 2013　　　单位：亿元

年份	主要海洋产业增加值	海洋渔业	海洋油气业	船舶工业	海洋交通运输业	滨海旅游业	海洋盐业	海洋生物医药业
2006	695.2	272.5	45.0	117.4	70.6	277.0	2.9	0.9
2007	831.8	301.1	46.5	132.4	84.8	368.8	2.2	1.3
2008	977.4	346.1	68.7	178.7	87.3	468.4	2.3	1.2
2009	1 129.2	462.2	41.4	236.6	78.7	565.8	2.5	1.3
2010	1 611.9	549.2	87.7	291.7	94.6	689.4	3.7	2.1
2011								
2012								
2013	1 857.2							

数据来源：根据《中国海洋统计年鉴》（2007—2011 年）、《辽宁省海洋经济统计公报》（2007—2011 年）、《辽宁省统计年鉴》（2007—2011 年）以及辽宁省海洋与渔业厅工作总结与工作计划、领导讲话稿等整理。

2. 数据的选取

论文从两个方面进行研究：一是运用灰色综合关联度计算方法，分别对辽宁省海洋第一产业、第二产业、第三产业以及辽宁省主要海洋产业（海洋渔业、海洋盐业、海洋油气业、海洋船舶工业、海洋生物医药业、海洋交通运输业、滨海旅游业等）与陆域经济第一产业、第二产业和第三产业之间的关联度进行了测算；二是运用灰色近似关联度计算方法，对辽宁省历年来海陆产业关联度的动态变化过程与特征进行实证研究。

3. 海洋三次产业与陆域三次产业之间的灰色综合关联度计算

按照海洋第一、第二、第三产业的分类，计算其与陆域三次产业之间的灰色综合关联度。其中，辽宁省海洋第一产业与陆域产业增加值原始数据见表 4.7。

表 4.7　2006—2013 年辽宁省海洋第一产业与陆域产业增加值原始数据

Tab. 4.7　The raw data of ocean the first industry and value added of industry
in Liaoning from 2006 to 2013

单位：亿元

年份	海洋一产	陆域一产	陆域二产	陆域三产	地区生产总值
2006	146.4	976.37	4 729.50	3 545.28	9 251.15
2007	198.0	1 133.40	5 853.10	4 036.99	11 023.49
2008	252.0	1 302.00	7 512.11	4 647.46	13 461.57
2009	330.8	1 414.90	7 906.34	5 891.25	15 212.49
2010	315.8	1 631.08	9 976.82	6 849.37	18 457.27
2011	437.1	1 915.57	12 152.15	8 158.98	22 226.70
2012	447.0	2 155.82	13 230.49	9 460.12	24 846.43
2013	499.6	2 321.63	14 269.46	10 486.56	27 077.65

经济数据初值化处理和始点零化像处理后，得到初值化表和始点零化像表（表 4.8、表 4.9）。

表 4.8　2006—2013 年辽宁省海洋一产与陆域三大产业初值化表

Tab. 4.8　The initialization list of ocean first industry and land industry
in Liaoning from 2006 to 2013

年份	海洋一产	陆域一产	陆域二产	陆域三产	地区生产总值
2006	1.000 000	1.000 000	1.000 000	1.000 000	1.000 000
2007	1.352 459	1.160 830	1.237 573	1.138 694	1.191 581
2008	1.721 311	1.333 511	1.588 352	1.310 887	1.455 124
2009	2.259 563	1.449 143	1.671 707	1.661 716	1.644 389
2010	2.157 104	1.670 555	2.109 487	1.931 969	1.995 132
2011	2.985 656	1.961 930	2.569 437	2.301 364	2.402 588
2012	3.053 279	2.207 995	2.797 439	2.668 370	2.685 767
2013	3.412 568	2.377 818	3.017 118	2.957 893	2.926 950

表 4.9　2006—2013 年辽宁省海洋一产与陆域三大产业始点零化像表

Tab. 4.9　The zero list of ocean first industry and land industry

in Liaoning from 2006 to 2013

年份	海洋一产	陆域一产	陆域二产	陆域三产	地区生产总值
2006	0	0	0	0	0
2007	51.6	157.03	1 123.6	491.71	1 772.34
2008	105.6	325.63	2 782.61	1 102.18	4 210.42
2009	184.4	438.53	3 176.84	2 345.97	5 961.34
2010	169.4	654.71	5 247.32	3 304.09	9 206.12
2011	290.7	939.2	7 422.65	4 613.7	12 975.55
2012	300.6	1 179.45	8 500.99	5 914.84	15 595.28
2013	353.2	1 345.26	9 539.96	6 941.28	17 826.5

依据第四章讨论的计算公式，计算灰色绝对关联度如下：

$$\varepsilon_{01} = \frac{1 + |S_0| + |S_1|}{1 + |S_0| + |S_1| + |S_1 - S_0|} = 0.670\ 851$$

$$\varepsilon_{02} = \frac{1 + |S_0| + |S_2|}{1 + |S_0| + |S_2| + |S_2 - S_0|} = 0.521\ 984$$

$$\varepsilon_{03} = \frac{1 + |S_0| + |S_3|}{1 + |S_0| + |S_3| + |S_3 - S_0|} = 0.538\ 159$$

$$\varepsilon_{04} = \frac{1 + |S_0| + |S_3|}{1 + |S_0| + |S_3| + |S_3 - S_0|} = 0.512\ 896$$

计算灰色绝对关联度：

$$r_{01} = \frac{1 + |S'_0| + |S'_1|}{1 + |S'_0| + |S'_1| + |S'_1 - S'_0|} = 0.760\ 671$$

$$r_{02} = \frac{1 + |S'_0| + |S'_2|}{1 + |S'_0| + |S'_2| + |S'_2 - S'_0|} = 0.874\ 042$$

$$r_{03} = \frac{1 + |S'_0| + |S'_3|}{1 + |S'_0| + |S'_3| + |S'_3 - S'_0|} = 0.804\ 418$$

$$r_{04} = \frac{1 + |S'_0| + |S'_4|}{1 + |S'_0| + |S'_4| + |S'_4 - S'_0|} = 0.835\ 395$$

计算灰色综合关联度：

$$C_{01} = \theta\varepsilon_{01} + (1 + \theta) r_{01} = 0.715\ 761$$

$$C_{02} = \theta\varepsilon_{02} + (1 + \theta) r_{02} = 0.698\ 013$$

$$C_{03} = \theta\varepsilon_{03} + (1 + \theta) r_{03} = 0.671\ 289$$

$$C_{04} = \theta\varepsilon_{04} + (1 + \theta) r_{04} = 0.674\ 146$$

4. 关联系数的计算结果

计算结果与下面的结果差别比较大。

关联矩阵	海洋一产	陆域一产	陆域二产	陆域三产	地区生产总值
海洋一产	1	0.267 7	0.430 1	0.314 8	0.343 9
陆域一产	0.267 7	1	0.350 7	0.478 0	0.418 2
陆域二产	0.353 2	0.286 2	1	0.469 1	0.502 6
陆域三产	0.261 7	0.420 1	0.480 4	1	0.636 6
地区生产总值	0.272 7	0.342 4	0.495 1	0.616 7	1

计算结果表明，辽宁省海洋第一产业与陆域第一、第二、第三产业的灰色综合关联度分别为 0.715 761、0.698 013、0.671 289，海洋第一产业与地区生产总值的灰色综合关联度为 0.674 146。关联度数值显示，辽宁海洋第一产业与陆域第三产业的关联度最低，海洋第一产业与陆域第一产业的关联度最高，海洋第一产业与陆域第二产业的关联度介于中间。从海陆产业对应关系来看，陆域第一产业包括农业、林业和渔业，海洋第一产业包括海水养殖和海洋捕捞，多是陆域第一产业向海的延伸，故关联程度最高；而海洋第一产业中涉及的海洋渔业信息服务、海洋水产养殖技术等，与陆域第三产业中的信息、科技咨询服务等产业联系较密切，故关联度也较高。

依据同样思路，可以计算出辽宁省海洋第二产业与陆域经济三次产业的关联度，海洋第三产业与陆域经济三次产业的关联度，以及海洋主要产业与陆域经济三次产业以及地区生产总值之间的关联度（表4.10）。

表 4.10　辽宁省海洋产业与陆域三次产业的灰色综合关联度

Tab. 4.10　The grey synthetically relational degree of marine industry and land three times industrial in Liaoning Province

	与地区生产总值关联度	与陆域第一产业关联度	与陆域第二产业关联度	与陆域第三产业关联度
海洋第一产业	0.674 146	0.715 761	0.698 013	0.671 289
海洋第二产业	0.670 260	0.855 587	0.661 890	0.708 782
海洋第三产业	0.747 521	0.893 673	0.769 726	0.757 771
海洋渔业	0.733 618	0.800 109	0.714 739	0.769 038
海洋油气业	0.677 389	0.737 413	0.659 681	0.696 864
海洋船舶工业	0.701 070	0.709 619	0.726 761	0.691 274
海洋交通运输业	0.634 330	0.682 146	0.621 079	0.749 444
滨海旅游业	0.684 659	0.790 231	0.712 871	0.711 736
海洋盐业	0.634 670	0.673 749	0.620 788	0.648 447
海洋生物医药业	0.720 945	0.672 157	0.746 424	0.660 610

计算结果表明，辽宁省的海洋产业与地区生产总值的关联度存在明显差异。其中海洋第三产业与地区生产总值的关联度最大，为 0.747 521；海洋第一产业与地区生产总值的关联度次之，为 0.674 146；海洋第二产业与地区生产总值的关联度最小，为 0.670 26。各主要海洋产业与地区生产总值的关联度，从大到小依次为海洋渔业、海洋生物医药业、海洋船舶工业、滨海旅游业、海洋石油和天然气业、海洋盐业、海洋交通运输业。还可以看出，辽宁省各主要海洋产业与陆域第一和第三产业的关联度明显要高于陆域第二产业，说明辽宁省海洋产业的发展还是过多的依托陆域第一、第三产业的发展。而实际上，海陆产业关联度是一个动态的概念。海洋渔业、滨海旅游业、海洋交通运输业等海洋产业之所以与陆域产业的关联度高，在很大程度上取决于这些产业在整个海洋经济中占居较高的比重。随着海洋生物医药、海洋电力、海水利用等新兴海洋产业规模的不断发展与地位的提升，新兴海洋产业与陆域产业之间的关联度也会逐步增加。

5. 辽宁省海陆产业灰色近似关联度的动态变化

选取 1996—2013 年辽宁省海洋生产总值和地区生产总值为样本，分析其中海陆产业灰色近似关联度的动态变化特征（表 4.11）。

表 4.11 1996—2013 年辽宁省海洋生产总值和地区生产总值

Tab. 4.11 The gross ocean product and the gross regional product in Liaoning

from 1996 to 2013 单位：亿元

年份	海洋生产总值	地区生产总值
1996	207.52	3 157.70
1997	263.30	3 582.50
1998	275.50	3 881.70
1999	278.00	4 171.70
2000	326.50	4 669.10
2001	362.37	5 033.08
2002	459.30	5 458.22
2003	543.41	6 002.54
2004	932.23	6 672.00
2005	1 206.00	7 860.85
2006	1 478.90	9 251.15
2007	1 759.80	11 023.49
2008	2 074.40	13 461.57
2009	2 281.20	15 212.49
2010	2 619.60	18 457.27
2011	3 345.50	22 226.70
2012	3 391.70	24 846.43
2013	3 741.90	27 077.65

资料来源：《中国海洋统计年鉴》（1996—2014 年）和《2014 年辽宁省统计年鉴》

首先计算 2001 年辽宁省海陆产业关联度，根据表选取 1996—2001 年间数据，并进行一次累减处理 $k_0(t+1) = x_0(t+1) - x_0(t)$，得差值，如表 4.12 所示。

表 4.12 1996—2001 年辽宁省海洋生产总值和地区生产总值累减表

Tab. 4.12 The regressive list of the gross ocean product and the gross

regional product in Liaoning from 1996 to 2001

年份	海洋生产总值	地区生产总值
1996	0	0
1997	55.78	424.80
1998	67.98	724.00
1999	70.48	1 014.00
2000	118.98	1 511.40
2001	154.85	1 875.38

根据灰色近似关联度的计算公式计算得：

$$\left| S_i - S_0 \right| = \left| \sum_{k=2}^{n-1} (X_i^0(k) - X_0^0(k)) + \frac{1}{2}(X_i^0(n) - X_0^0(n)) \right| = 4\ 221.245$$

$\rho_{0i} = \dfrac{a}{a + |S_i - S_0|} = 0.191\ 525$，其中 a 为与 $|S_i - S_0|$ 相关的常数，在这里取 $a = 1\ 000$；

$$\varepsilon_{0i} = \frac{1}{n-1} \sum_{i=1}^{n-1} \xi_{0i}(t) = 0.935\ 516$$

$C_{0i} = \theta \varepsilon_{0i} + (1-\theta)\rho_{0i} = 0.563\ 520$，其中：$\theta = 0.5$。

从计算结果可知：2001 年辽宁省海陆产业关联度为 0.563 52。同理，依次增加 2002—2013 年各年份的相关数据即可分别得出 2001—2013 年各相应年份的海陆产业关联度。计算结果如表 4.13 和图 4.5 所示。

表 4.13　2001—2013 年辽宁省海陆产业灰色关联度

Tab 4.13　The grey synthetically relational degree of marine industry and land industrial in Liaoning from 2001 to 2013

年份	灰色相似关联度	灰色相近关联度	灰色近似关联度
2001	0.191 525	0.949 592	0.570 558
2002	0.140 729	0.934 722	0.537 726
2003	0.106 556	0.930 884	0.518 720
2004	0.083 098	0.902 709	0.492 904
2005	0.065 440	0.894 231	0.479 836
2006	0.051 165	0.891 924	0.471 544
2007	0.039 821	0.894 869	0.467 345
2008	0.037 810	0.902 117	0.469 96
2009	0.023 983	0.908 786	0.466 384
2010	0.018 821	0.911 461	0.465 141
2011	0.015 377	0.910 069	0.462 723
2012	0.011 798	0.904 177	0.457 987
2013	0.009 596	0.908 090	0.458 843

计算结果表明，2001—2013 年辽宁省海陆产业关联度呈现出先高后低、逐步回升的发展态势。2001—2013 年辽宁省海陆产业灰色相似关联度表现为逐渐下降，海陆产业灰色近似关联度呈现波动上升，两种关联相互叠加，从而使得辽宁省海陆产业的近似关联度出现了波动，这种波动与辽宁省海洋经

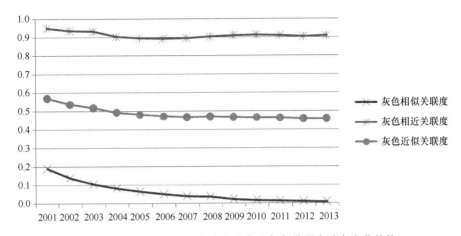

图 4.5　2001—2013 年辽宁省海陆产业灰色关联度动态变化趋势

Fig 4. 5　The changing trend of the grey synthetically relational degree of marine and land industrial in Liaoning

济的发展有关。辽宁省海洋经济发展速度一直保持着高于同期地区生产总值的发展速度，海洋生产总值占地区生产总值的比重从 2001 年的 7.2%提高到 2010 年的 14.19%。海洋生产总值占地区生产总值的比重在不断扩大，与此同时海洋生产总值与地区生产总值的绝对差值也在不断扩大，从而表现为用灰色近似关联度衡量的数值波动。

四、海域承载力对海陆产业关联的影响

海洋与陆地在资源开发利用上存在明显差异。与陆域资源过度利用、日趋紧缺的情况不同，海洋产业发展所依赖的海洋资源中已被开发利用的比重很小，海陆产业之间存在一个由海洋向陆地的能量梯度，导致部分海洋资源将得到开发并进入陆域经济生产领域[108]。可见，海洋资源环境承载力决定了海陆产业发展的方向和规模，主要体现在海洋资源的开发程度与海洋生态环境破坏程度制约着海陆产业关联度的提升空间。

1. 海域承载力研究的相关进展

海域承载力作为资源环境可持续发展的基础已经得到大家的普遍认可，生态承载力、资源承载力、环境承载力等概念相继被提出，承载力研究已从以非人类生物种群的增长规律研究逐渐转向人类经济社会发展面临的实际问题。随着对海洋问题的重视，部分学者开始关注海域承载力问题，海域承载力已经成

为评判沿海人口、资源、环境与社会协调发展与否的重要标识[109]。在目前的研究成果中，针对海洋的特殊性及其海域承载力进行系统研究的成果比较有限，主要限于海域承载力的内涵特征、评价指标与方法等方面，定性研究较多，定量研究较少，还没有能够指导海洋经济开发实践活动的可行性与实用性定量测度方法，影响了对海域承载力与海洋经济可持续发展能力的总体判断与认识。

2. 基于模糊综合评价的海域承载力评价

（1）评价指标体系的建立。

论文采用层次分析法，从海洋资源环境、经济发展能力和社会发展能力三个方面，着重考虑对辽宁省海域承载力有重大影响的指标（表4.14），筛选出19个评价因子。

表 4.14　海域承载力评价指标层次结构与指标权重值

Tab. 4.14　The hierarchy and weighted values of marine resources evaluating indicators

目标值 A	准则层及权重 B&W_i	指标层 C	指标层权重 W_{ij}	总权重 $W_i W_{ij}$
海域承载力 A	资源环境承载力（B_1）0.527 8	人均海域面积 C_1	0.057 9	0.030 6
		人均海洋水产品产量 C_2	0.283 8	0.149 8
		人均海洋盐业产量 C_3	0.168 8	0.089 1
		人均海洋原油产量 C_4	0.097 4	0.051 4
		万元 GDP 入海废水量 C_5	0.162 4	0.085 7
		工业废水排放达标率 C_6	0.052 8	0.027 8
		工业固废综合利用率 C_7	0.028 0	0.014 8
		环保投资占 GDP 比重 C_8	0.148 9	0.078 6
	经济发展承载力（B_2）0.139 6	海洋产业产值年增长率 C_9	0.211 3	0.029 5
		海洋产业产值占 GDP 比重 C_{10}	0.122 0	0.017 0
		人均海洋产业产值 C_{11}	0.307 8	0.043 0
		海洋第三产业产值比重 C_{12}	0.072 5	0.010 1
		海洋经济密度 C_{13}	0.155 9	0.021 8
		恩格尔系数 C_{14}	0.177 5	0.024 8
	社会发展承载力（B_3）0.332 5	海洋科技人员比重 C_{15}	0.164 0	0.054 5
		海洋科技项目数量 C_{16}	0.094 5	0.031 4
		人口自然增长率 C_{17}	0.318 5	0.105 9
		人口密度 C_{18}	0.318 5	0.105 9
		海洋货运周转量 C_{19}	0.104 8	0.034 8

（2）评价模型建立。

模糊综合评价方法是模糊分析中的一个重要方法，其实质是将评价对象的各项属性作为参数指标，通过构建评判集合评价矩阵，对于因素集中各因素不同的侧重，赋予不同的权重，进行综合评价[110]。其步骤如下：

第一步：建立评价空间，设定因素集和评价集。设给定有限域 U 为评判对象，找出评判对象的影响因素 $\{u_1, u_2, \cdots, u_n\}$，形成评价因素集 U = $\{u_1, u_2, \cdots, u_n\}$，然后设给定有限域 V = $\{v_1, v_2, \cdots, v_n\}$，V 代表评语集。参考相关研究成果[111]，根据现有的国家相关统计数据以及国际社会公认的相关标准，制定辽宁省海域承载力各评价指标的分级标准（表 4.15）。为更好地反映各等级海域承载能力情况，对评判等级[112]采用 $a_1 = 0.95$，$a_2 = 0.5$，$a_3 = 0.05$ 分值标准，用来表征各等级因素对承载能力的影响程度。其中，V_1 级对应的分值为 0.95，因为 V_1 表示资源承载能力强，所以该等级因素对资源承载能力的影响程度大。V_2 对应的分值为 0.5，因为 V_2 表示资源承载能力中等，所以该等级因素对资源承载能力的影响程度中等。V_3 对应的分值为 0.05，因为 V_3 表示资源承载能力弱，所以该等级因素对资源承载能力的影响程度小。

表 4.15　辽宁省海域承载力评价指标分级标准

Tab. 4.15　Evaluating indicators and grading standards of Liaoning Province marine carrying capacity

评价指标	分级标准		
	V_1	V_2	V_3
人均海域面积 u_1（m²/人）	>2 700	130.5–2 700	<130.5
人均海洋水产品产量 u_2（kg/人）	<41	41–49.1	>49.1
人均海洋盐业产量 u_3（kg/人）	<39.3	39.3–45.6	>45.6
人均海洋原油产量 u_4（kg/人）	<34.3	34.3–47	>47
万元 GDP 入海废水量 u_5（t/万元）	<1.6	1.6–7.9	>7.9
工业废水排放达标率 u_6（%）	>93.7	27.3–93.7	<27.3
工业固废综合利用率 u_7（%）	>94	43–94	<94
环保投资占 GDP 比重 u_8（%）	>3	1.5–3	<1.5
人均海洋产业产值年增长率 u_9（%）	<3.2	3.2–20	>20
海洋产业产值占 GDP 比重 u_{10}（%）	<4.2	4.2–8.0	>8.0
人均海洋产业产值 u_{11}（元/人）	>3 255	265.6–3 255	<265.6

评价指标	分级标准		
	V_1	V_2	V_3
海洋第三产业产值比重 u_{12}（%）	>52.3	33.3~52.3	<33.3
海洋经济密度 u_{13}（万元/km²）	>27.0	0.2~27.9	<0.2
恩格尔系数 u_{14}	<30%	30%~40%	>40%
海洋科技人员比重 u_{15}（%）	>0.3	0.03~0.3	≤0.03
海洋科技项目数量 u_{16}（个）	>417	10~417	<10
人口自然增长率 u_{17}（‰）	<1.7	1.7~6.2	>6.2
人口密度 u_{18}（人/km²）	<1	1~104	>104
海洋货运周转量 u_{19}（亿 t·km）	<1 453.9	1 453.9~2 324.5	>2 324.5
分值	0.95	0.5	0.05

第二步：确定评价因子的隶属函数

模糊隶属函数是模糊综合评价中的关键因素，模糊隶属函数有多种不同的函数形式，参照相关研究成果，并结合辽宁省海洋资源综合评价的特点，对辽宁省海域承载力进行模糊综合评价。对隶属函数指标分级标准进行模糊化处理，V_2 落在区间中点隶属度为 1，两侧边缘点的隶属度为 0.5，中间向两侧按线性递减；V_1 和 V_3 两侧区间中距离临界值越远两侧区间的隶属度越大，在临界值上则属于两侧等级的隶属度各为 0.5。令 V_1 和 V_2 级的临界值为 k_1，V_2 和 V_3 级的临界值为 k_3，V_2 等级区间中点值为 k_2，其中 $k_2 =（k_1 + k_3）/2$。

评价指标 u_i 各级评语相对隶属函数的计算公式为：

$$\mu_{v1}(u_i) = \begin{cases} 0.5\left(1 + \dfrac{u_i - k_1}{u_i - k_2}\right), & u_i \geq k_1 \\ 0.5\left(1 + \dfrac{u_i - k_1}{k_1 - k_2}\right), & k_1 \geq u_i > k_2 \\ 0, & u_i \leq k_2 \end{cases}$$

$$\mu_{v2}(u_i) = \begin{cases} 0.5(1 - \dfrac{u_i - k_1}{u_i - k_2}), & u_i \geq k_1 \\[3mm] 0.5(1 + \dfrac{k_1 - u_i}{k_1 - k_2}), & k_2 \leq u_i < k_1 \\[3mm] 0.5(1 + \dfrac{u_i - k_3}{k_2 - k_3}), & k_3 \leq u_i < k_2 \\[3mm] 0.5(1 - \dfrac{k_3 - u_i}{k_2 - u_i}), & u_i < k_3 \end{cases}$$

$$\mu_{v3}(u_i) = \begin{cases} 0.5(1 - \dfrac{u_i - k_3}{k_2 - k_3}), & k_3 \leq u_i < k_2 \\[3mm] 0.5(1 + \dfrac{k_3 - u_i}{k_2 - u_i}), & u_i < k_3 \\[3mm] 0, & u_i \geq k_2 \end{cases}$$

对于评价因素 u_2、u_3、u_4、u_5、u_9、u_{10}、u_{14}、u_{17}、u_{18}、u_{19}，需要将以上计算公式右端 u_i 的区间号"$\leq$"改为"$\geq$"，"$<$"改为"$>$"。

第三步：构造隶属函数矩阵

评价指标 $u = \{u_1, u_2, \cdots, u_m\}$ 对应着评语集 $v = \{v_1, v_2, \cdots, v_n\}$。将评价指标 u_i（$0 \leq i \leq m$）的实际数值与各评价指标分级标准进行对照，从而构建均匀分布的隶属函数评判矩阵 $R(r_{ij}) m \times n$。

$$R = \begin{bmatrix} r_{11} & r_{12} & \cdots & r_{1n} \\ r_{21} & r_{22} & \cdots & r_{2n} \\ \cdots & \cdots & \cdots & \cdots \\ r_{31} & r_{32} & \cdots & r_{3n} \end{bmatrix}$$

其中 r_{ij} 表示 u_i 对 v_{ij} 的隶属度，R 中第 i 行 $r_i = (r_{i1}, r_{i2}, \cdots, r_{in})$ 即是对第 i 个评价指标 u_i 的单因素评价结果。通过建立的评判矩阵 R，以及层次分析法得到的权重矩阵 A，就可得到综合评价结果 B。

$$B = A * R (b_1, b_2, b_3, b_4)$$

然后根据 V_1、V_2、V_3 分级指标对应的评分值 $a_1 = 0.95$，$a_2 = 0.5$，$a_3 = 0.05$，按下式即可求得区域某资源承载力 t。

$$t = \sum_{j=1}^{3} b_j^k a_j$$

根据模糊综合评价计算得到的结果，可以对资源承载能力按照高低分为若干级别。t 值均处于 0~1 之间，本文根据以往研究成果[113]，将海域承载状况划分为 3 个区间，分别为 [0.667~1]，[0.333~0.667]，[0~0.333]，分别对应着可载、适载、超载三种状态。

3. 辽宁省海域承载力的综合评价

运用上述模糊综合评判法，对 2006—2010 年辽宁省海域有关指标数据进行计算，得到辽宁省海域 2006—2010 年各相应年份的海域承载力。

将 2010 年辽宁省海域资源环境的相关数据代入各个隶属函数，首先可计算出 2010 年辽宁省海域资源环境模糊隶属函数评判矩阵 R。

$$R = \begin{bmatrix} 0.71 & 0.29 & 0 \\ 0 & 0.04 & 0.96 \\ 0 & 0.28 & 0.72 \\ 0.91 & 0.09 & 0 \\ 0.50 & 0.50 & 0 \\ 0.38 & 0.62 & 0 \\ 0 & 0.70 & 0.30 \\ 0 & 0.70 & 0.30 \end{bmatrix}$$

根据评价指标权重，得到权重矩阵 A = [0.057 9, 0.283 8, 0.168 8, 0.097 4, 0.162 4, 0.052 8, 0.028 0, 0.148 9]。由权重矩阵 A 和隶属函数矩阵 R，利用公式计算可求得 2009 年辽宁省海域资源环境的最终评判结果 B = A * R。

$$B = A * R = [0.231, 0.301, 0.468]$$

依据 V_1、V_2、V_3 分级指标对应的评分值 $a_1 = 0.95$，$a_2 = 0.5$，$a_3 = 0.05$，即求得 2009 年辽宁省海域承载力综合评价结果 t。

$$t = \sum_{j=1}^{3} b_j^k a_j = 0.39$$

依次代入 2006、2007、2008、2009 年的数据，得出辽宁省 2006—2010 年逐年的海域资源环境、经济发展和社会发展承载力，以及最终的辽宁省海域承载力结果（表 4.16）。

表 4.16　2006—2010 年辽宁省海域承载力

Tab. 4. 16　Carrying capacity of Liaoning Province Marine between 2006 and 2010

年　份	2006	2007	2008	2009	2010
辽宁省海域资源环境承载力	0.42	0.39	0.45	0.39	0.41
辽宁省经济发展承载力	0.27	0.32	0.32	0.44	0.42
辽宁省社会发展承载力	0.34	0.32	0.35	0.38	0.38
辽宁省海域承载力	0.37	0.36	0.40	0.39	0.39

4. 海域承载力对海陆产业关联的影响分析

对海域承载力与海陆产业关联度进行相关性分析，发现海域承载力与海陆产业关联度具有较强的正相关性，即海域承载力是海陆产业关联度的影响因素之一。从计算结果可以看出（表 4.17），海域承载力的变化会引起海陆产业关联度正向波动，而且这种趋势长期来看依然较为明显。但随着资源环境承载压力的加大，海域承载力对海陆产业关联度提升的贡献在下降。

表 4.17　2006—2010 年辽宁省海陆产业关联度与海域承载力

Tab. 4. 17　The correlation degree of land-sea and carrying capacity of Liaoning Province Marine between 2006 and 2010

年份	海陆产业关联度	海域承载力
2006	0.452 179	0.37
2007	0.454 805	0.36
2008	0.460 647	0.40
2009	0.469 584	0.39
2010	0.467 807	0.39

第四节　辽宁省海陆产业协调发展评价

一、基于 DEA 的辽宁省海陆产业协调评价指标体系构建

通过以上对海陆统筹思想的分析及海陆经济发展的分析与研究，可以得出海陆产业协调发展是从系统论的角度对海陆产业协调发展的整体效益进行评价。因而在对海陆产业进行评价时，应突破以单独的海洋产业或者陆域产业为变量的分析模式，应该以海陆产业之间相互作用密切的流动要素为评价的基点，注重海陆产业之间的关系与连接点，选择能够敏感体现海陆产业关联的影响因素，从而对海陆产业协调程度做出评价与分析[114]。

1. 构建原则

科学性原则。科学性是指指标体系选取的前提是要具有意义，既要很好的描述海洋经济与陆域经济的发展轨迹，又要能够反映海陆产业协调的关系。以海陆统筹的内涵为出发点，指标体系要能够体现海陆产业协调发展的内在规律，选择能够敏感的反映海陆产业协调的影响要素，进而筛选出具有代表性的典型指标，避免选取意义相近、重复、关联性过强的指标。

系统性原则。海陆经济是一个复杂的系统，各子系统之间并不是简单的加和，而是更加错综复杂的联系在一起。系统的划分要具有层次性，还要注意不同层次之间或者同一层次之间存在着相关性，力求能够全面的概述子系统所包含各个主题及主题之间的相互联系，从而能够从整体性的角度对海陆经济进行分析与把握。

可比性原则。分析海陆产业协调发展，要求选取的指标具有时间和空间性，既可以进行空间上的横向比较分析，能够与其他地区进行比较，寻找差距与不足之处；又可以进行时间上的纵向比较分析，可以对该地区的演变过程进行比较分析，找到海陆产业协调发展的轨迹与限制因素。

可行性原则。在建立指标体系的时候，要考虑指标量化及取得的难易程度和可靠性，一般采用权威的统计年鉴等，同时指标要素要与现行的统计口径、核算体系相一致，做到指标内容简单明了、容易理解、可比性强、容易获取等。

2. 基于 DEA 的辽宁省海陆产业协调发展评价指标体系的构建

DEA 模型分析，其实是一种黑箱的数据处理形式。在海陆统筹思想的指

导下，海洋系统和陆域系统之间的互补关系能够很好地提高两个系统的经济效率，因此以海陆经济系统各要素作为投入指标，以海洋经济与陆域经济产值作为产出指标，运用 DEA 方法分析，可以很好的体现海陆经济协调发展情况。依据海陆系统之间的势能差，海洋系统为陆域经济发展提供了资源供给、空间拓展、环境成本等指标；陆域系统为海洋经济发展提供了人力资源、资金投放、科技支持等指标。则本文构建的基于 DEA 模型的辽宁省海陆产业协调评价指标如表 4.18 所示。

（1）海洋系统对陆域经济的效益指标。

海洋系统为陆域经济发展提供的要素投入，为投入指标。海洋系统可以向陆域经济发展提供资源支持，例如海洋捕捞量、海盐产量指标等，海洋系统可以拓展陆域经济的发展空间，例如海水养殖面积、货物周转量指标、国际旅游外汇收入等，海洋系统同时为陆域经济的发展提供了环境成本，主要是陆域经济活动对海洋系统环境的污染等问题，造成海洋系统协调持续的环境成本增加，选取的指标主要为工业废水排放总量。陆域经济的产出指标，主要从经济发展的总体规模和经济发展效益两个方面来评价，选取的指标主要为海洋总产值占地区 GDP 的比重、人均 GDP 等。

（2）陆域系统对海洋经济的效益指标。

海洋经济相对于陆域经济来说起步较晚，随着科学技术的发展，海洋经济发展迅速，陆域经济与海洋经济之间存在着势能差。陆域系统为海洋经济提供投入要素。陆域经济发展为海洋经济提供强有力的支撑，选取的指标有地区 GDP、R&D 经费支出，地区 GDP 指标可以很好的代表区域经济发展的总体规模，从而为海洋经济发展提供资金支持，而 R&D 经费支出是技术创新重要指标；同时陆域系统对海洋经济发展具有需求拉动的作用，例如居民消费支出占总收入的比重、运输线路长度等，运输线路长度增加了沿海与内陆的通达性，同时也是将对海洋经济的需求向内陆延伸，从而对海洋经济发展起到拉动作用。陆域系统为海洋经济发展提供人力支持，选取的指标为涉海就业人数。工业总产值是评判经济发展水平与技术发展水平的重要评价指标，陆域系统为海洋经济发展提供技术支撑，沿海地区工业增加值更能体现陆域技术对海洋经济发展的技术支持。产出指标主要选取海洋经济总产值、海洋经济总产值占地区 GDP 比重。

表 4.18 基于 DEA 模型的辽宁省海陆产业协调评价指标体系

Tab. 4.18 The index system of the DEA model of evaluating coordination

of land and marine industry in Liaoning

	一级指标	二级指标	投入产出指标
基于 DEA 模型的辽宁省海陆产业协调评价指标	海洋对陆域经济的效益指标	投入指标	海水养殖面积（千公顷）
			海洋捕捞产量（吨）
			海盐产量（万吨）
			货物周转量（亿吨千米）
			旅游国际外汇收入（万美元）
			工业废水排放量（万吨）
		产出指标	海洋经济总产值占地区 GDP 比重（%）
			人均 GDP（元/人）
	陆域对海洋经济的效益指标	投入指标	地区 GDP（亿元）
			R&D 经费支出（万元）
			消费性支出占总收入比重（%）
			运输线路长度（千米）
			涉海就业人数（万人）
			工业增加值（亿元）
		产出指标	海洋经济总产值（亿元）
			海洋经济总产值占地区 GDP 比重（%）

二、辽宁省海陆产业协调效率评价

运用 DEA 模型对辽宁省的海陆产业协调效率进行分析，选取 2010 年我国沿海除上海的 10 个省市样本地区[115-117]，根据所建立的指标体系，分别计算海洋经济对陆域经济的效率分析表和陆域经济对海洋经济的效率分析表，进而对辽宁省的海陆之间的资源有效利用情况进行分析，从而对海陆经济协调持续发展问题进行评价。

1. 陆域经济对海洋资源的利用效率分析

根据 DEA 模型分析选取 C^2R 模型和 C^2GS^2 模型，选取 2010 年我国沿海 10 个省市地区的数据，建立投入产出指标体系（表 4.19），对数据整体综合处理得表，利用 Excel 中的 DEA Excel Solver 对选取的指标进行处理得到陆域经济对海洋系统资源利用效率的总体效率和技术效率见表 4.20。

表 4.19 2013 年我国沿海省份陆域经济利用海洋资源的投入产出指标表

Tab. 4.19 The index system of land economy makes use of marine source
as input and output in 2013

地区	海水养殖面积（千公顷）	海洋捕捞产量（吨）	海盐产量（万吨）	货物周转量（亿吨千米）	工业废水排放总量（万吨）	旅游国际外汇收入（万美元）	海洋总产值占地区GDP比重（%）	人均GDP（元）
天津	3 169	53 437	152.18	2 268	18 691.93	259 128	31.7	99 607
河北	117 928	230 539	287.64	863	109 875.99	25 573	6.2	38 716
辽宁	942 050	1 079 259	98.28	7 837	78 285.6	81 341	13.8	61 686
江苏	193 807	553 787	77.63	6 416	220 558.62	12 864	8.3	74 607
浙江	89 358	3 192 000	15.85	7 009	163 674.32	337 767	14	68 462
福建	154 453	1 937 300	29.22	2 942	104 657.99	416 982	23.1	57 856
山东	546 814	2 315 178	1 989.92	997	181 179.09	149 527	17.7	56 323
广东	197 198	1 490 821	7.75	5 452	170 462.59	1 088 920	18.2	58 540
广西	54 001	650 599	16.1	716	89 508.46	4 308	6.3	30 588
海南	16 791	1 121 263	6.56	532	6 744.25	30 201	28.1	35 317

数据来源：《中国海洋统计年鉴 2011》和《2011 年中国统计年鉴》整理得到。

表 4.20 2013 年陆域经济利用海洋资源效率评价结果

Tab. 4.20 The estimating result of land economy makes use of the marine source in 2013

样本序号	样本名称	综合效率	纯技术效率	规模效率	Lambda 值	规模收益
1	天津	1.000 0	1.000 0	1.000 0	1.000 0	Constant
2	河北	1.000 0	1.000 0	1.000 0	1.000 0	Constant
3	辽宁	0.856 7	0.943 3	0.908 2	1.127 9	Decreasing
4	江苏	1.000 0	1.000 0	1.000 0	1.000 0	Constant
5	浙江	0.764 4	1.000 0	0.764 4	1.812 1	Decreasing
6	福建	0.745 2	1.000 0	0.745 2	1.393 2	Decreasing
7	山东	0.851 0	1.000 0	0.851 0	1.594 8	Decreasing
8	广东	1.000 0	1.000 0	1.000 0	1.000 0	Constant
9	广西	1.000 0	1.000 0	1.000 0	1.000 0	Constant
10	海南	1.000 0	1.000 0	1.000 0	1.000 0	Constant

可以看出：天津、河北、江苏、浙江、广东、广西、海南等为 DEA 有效决策单元，其总体效率为 1，说明其陆域经济对海洋系统提供的资源利用效率

比较好，是最优的配置。辽宁、福建、山东为 DEA 无效决策单元，其中福建和山东的总体效率和纯技术效率都小于 1，辽宁的总体效率为 0.583 3<1，表明其资源利用不充分，生产活动的输入规模比较大，产出规模没有达到最优，海洋系统与陆域经济的生产与利用方式还需进一步的改善。辽宁在沿海省份中总体效率值排名较为靠后，说明其海陆经济之间的资源利用效率还较低，存在资源利用不集约、不充分等问题。在沿海 10 个省份中，其纯技术效率也比较低为 0.699 1<1，表明当投入量既定时，生产活动所能获得的最大产出效益比较低，存在产出不足的状态。通过分析还可以看出：福建、山东、辽宁三省处于规模收益递减的状态，资源利用需要寻求新的突破。对于 DEA 无效的地区，可以根据其松弛变量分布和数值作为参考来减少投入和增加产出，对海陆经济的协调持续发展进行调整，松弛变量数值大小即为可以改进的数值大小，以此来构建投入产出的目标值，从而对海陆经济协调持续发展提供指导意义。表 4.21 为 2010 年沿海省份的投入产出修正的目标值。

表 4.21　2013 年我国沿海地区陆域经济对海洋系统资源利用有效的目标参考值

Tab. 4.21　The target of land economy making use of marine source in 2013

样本名称	有效投入目标值						有效产出目标值	
	input1	input2	input3	input4	input5	input6	output1	output2
天津	3 169.00	53 437.00	152.18	2 268.00	18 691.93	259 128.00	31.70	99 607.00
河北	117 928.00	230 539.00	287.64	863.00	109 875.99	25 573.00	6.20	38 716.00
辽宁	68 994.80	567 827.68	66.65	2 836.06	78 285.60	81 341.00	20.29	61 686.00
江苏	193 807.00	553 787.00	77.63	6 416.00	220 558.62	12 864.00	8.30	74 607.00
浙江	89 358.00	1 958 603.67	15.85	2 573.89	72 145.18	337 767.00	43.01	68 462.00
福建	104 165.73	1 209 612.25	29.22	2 942.00	104 624.91	416 982.00	23.10	57 856.00
山东	18 224.73	1 186 385.52	36.34	997.00	10 691.87	81 835.02	35.61	56 323.00
广东	197 198.00	1 490 821.00	7.75	5 452.00	170 462.59	1 088 920.00	18.20	58 540.00
广西	54 001.00	650 599.00	16.10	716.00	89 508.46	4 308.00	6.30	30 588.00
海南	16 791.00	1 121 263.00	6.56	532.00	6 744.25	30 201.00	28.10	35 317.00

2. 海洋经济对陆域系统资源的利用效率分析

根据 DEA 模型分析选取 C^2R 模型和 C^2GS^2 模型，选取 2010 年我国沿海地区 10 个省份的指标数据见表 4.22，同陆域经济对海洋系统资源的利用分析步骤，利用 Excel 中的 DEA Excel Solver 对选取的指标进行处理得到陆域经济对海洋系统资源利用效率的总体效率和技术效率见表 4.23。

表 4.22　2013 年海洋经济利用陆域系统投入产出指标体系

Tab. 4.22　The index system of land economy makes use of marine source as

input and output in 2013

地区	地区生产总值（亿元）	R&D经费支出（万元）	涉海就业人数（万人）	消费支出占总收入比重（%）	运输线路长度（千米）	工业增加值（亿元）	海洋总产值（亿元）	海洋总产值占地区生产总值比重（%）
天津	14 370.16	300.04	177.4	77.463 28	563.4	22 059.41	4 554.1	31.7
河北	28 301.41	232.74	96.7	71.576 61	6 255.5	36 040.17	1 741.8	6.2
辽宁	27 077.65	33.13	326.8	71.814 5	5 104.4	37 989.29	3 741.9	13.8
江苏	59 161.75	1 239.57	194.9	72.461 91	2 599.7	92 081.69	4 921.2	8.3
浙江	37 568.49	684.36	427.5	69.219 48	2 044.5	59 633.11	5 257.9	14
福建	21 759.64	279.2	433	76.240 34	2 747.8	24 671.06	5 028	23.1
山东	54 684.33	1 052.81	533.4	62.587 4	4 288.1	78 881.06	9 696.2	17.7
广东	62 163.97	1 237.48	842.6	74.382 92	3 471.7	77 943.52	11 283.6	18.2
广西	14 378	81.71	114.9	68.145 83	4 013.4	13 063.37	899.4	6.3
海南	3 146.46	9.36	134.4	71.141 46	693.7	2 328.02	883.5	28.1

数据来源：《中国海洋统计年鉴 2011》和《2011 年中国统计年鉴》整理得到。

表 4.23　2013 年海洋经济利用陆域资源效率评价结果

Tab. 4.23　The estimating result of marine economy makes use

of the land source in 2013

样本序号	样本名称	综合效率	纯技术效率	规模效率	Lambda 值	规模收益
1	天津	1.000 0	1.000 0	1.000 0	1.000 0	Constant
2	河北	0.701 7	1.000 0	0.701 7	0.382 5	Increasing
3	辽宁	1.000 0	1.000 0	1.000 0	1.000 0	Constant
4	江苏	1.000 0	1.000 0	1.000 0	1.000 0	Constant
5	浙江	0.737 5	1.000 0	0.737 5	0.691 2	Increasing
6	福建	1.000 0	1.000 0	1.000 0	1.000 0	Constant
7	山东	1.000 0	1.000 0	1.000 0	1.000 0	Constant
8	广东	1.000 0	1.000 0	1.000 0	1.000 0	Constant
9	广西	0.478 4	1.000 0	0.478 4	0.251 3	Increasing
10	海南	1.000 0	1.000 0	1.000 0	1.000 0	Constant

　　以上分析可知：天津、江苏、福建、山东、广东、海南为 DEA 有效决策单元，河北、辽宁、浙江、广西为无效决策单元。辽宁的总体效率为 0.721 9 <1，在沿海 10 个省份中，居第 9 位，纯技术效率为 0.877 5<1，居第 10 位，说明辽宁的海洋经济对陆域系统所提供的资源利用效率相对较低，其投入产出分布不合理，其资源利用与配置急需优化。通过对沿海 10 个省份的对比分析也可以看出，辽宁省海洋经济对陆域所提供的资源利用程度不高。通过规模效益（Scale Efficiency）及 Lambda 值的分析，可见河北、辽宁、浙江均属于规模递增状态，应该继续加大投入，来实现经济总体效率的提升，从而更好地发挥规模效益。DEA 无效决策单元的松弛变量修复值为海陆经济协调持续发展提供参考，也为海洋经济更好的利用陆域系统资源提供了建议。表4.24 为 2013 年沿海省份的投入产出修正的目标值。

表 4.24　2013 年海洋经济对陆域系统资源有效利用的目标参考值

Tab. 4.24　The target of marine economy making use of land source in 2013

样本 名称	有效投入目标值						有效产出目标值	
	input1	input2	input3	input4	input5	input6	output1	output2
天津	14 370.16	300.04	177.40	77.46	563.40	22 059.41	4 554.10	31.70
河北	5 496.13	114.76	67.85	29.63	215.48	8 437.03	1 741.80	12.12
辽宁	27 077.65	33.13	326.80	71.81	5 104.40	37 989.29	3 741.90	13.80
江苏	59 161.75	1 239.57	194.90	72.46	2 599.70	92 081.69	4 921.20	8.30
浙江	21 158.52	431.38	274.13	69.22	1 007.45	29 473.39	5 257.90	26.22
福建	21 759.64	279.20	433.00	76.24	2 747.80	24 671.06	5 028.00	23.10
山东	54 684.33	1 052.81	533.40	62.59	4 288.10	78 881.06	9 696.20	17.70
广东	62 163.97	1 237.48	842.60	74.38	3 471.70	77 943.52	11 283.60	18.20
广西	2 838.64	59.17	35.22	15.40	112.32	4 353.05	899.40	6.30
海南	3 146.46	9.36	134.40	71.14	693.70	2 328.02	883.50	28.10

　　整体来看，辽宁省的海陆经济效率相对比较低，资源利用效率不高。从 2010 年辽宁省陆域经济对海洋系统资源的利用情况和海洋经济对陆域系统资源的利用情况来看，辽宁省的海陆系统的投入产出情况并不乐观，存在投入冗余和产出不足的情况，尤其是和沿海相似省份来比较，其总体效率和技术效率得分都比较低，与 DEA 有效决策单元的差距较大，同时海陆经济的规模

效益得分都小于 1，并存在规模收益递减的状态，其产出规模有很大的上升空间。因此，辽宁省的海陆经济协调持续发展面临着资源有效利用的制约，提升资源的利用效率是辽宁省实现海陆经济协调持续发展的关键突破点。

3. 基于 DEA 的辽宁省海陆产业协调度

采用同样的方法，选取 2006—2010 年沿海 10 个省份的数据，进行海陆产业相互作用效率评价分析，分别得到陆域经济利用海洋系统资源的总体效率评价结果和海洋经济利用陆域系统资源总体效率评价结果。根据海陆产业协调评价模型计算等到 2006—2010 年各省份海陆产业协调度（表 4. 25）。

表 4. 25 2006—2013 年我国沿海省份海陆产业协调度评价结果

Tab. 4. 25 The estimating result of cooptation as the whole land and marine from 2006 to 2013

年份	天津	河北	辽宁	江苏	浙江	福建	山东	广东	广西	海南
2006	1.000 0	0.692 4	0.753 0	0.783 0	0.760 2	0.689 4	0.364 3	1.000 0	1.000 0	1.000 0
2007	1.000 0	1.000 0	0.778 5	0.974 5	0.792 6	0.685 3	0.350 1	1.000 0	0.980 1	1.000 0
2008	1.000 0	1.000 0	0.764 6	0.940 7	0.772 0	0.684 6	0.409 9	1.000 0	0.548 4	1.000 0
2009	1.000 0	1.000 0	0.806 1	1.000 0	0.871 3	0.729 0	0.415 6	1.000 0	0.513 1	1.000 0
2010	1.000 0	0.778 6	0.840 2	1.000 0	0.889 8	0.801 2	0.445 8	1.000 0	0.762 5	1.000 0
2011	1.0000	0.692 4	0.647 8	1.000 0	0.802 0	0.619 6	0.530 3	0.934 9	0.518 3	1.000 0
2012	1.000 0	0.744 9	0.848 5	1.000 0	0.739 2	0.826 8	0.588 8	1.000 0	0.541 4	1.000 0
2013	1.000 0	0.701 7	0.856 7	1.000 0	0.964 7	0.745 2	0.851 0	1.000 0	0.478 4	1.000 0

从计算结果可以看出，天津、广东、海南的协调度一直为 1，说明多年来海陆经济发展的一致性比较高，海陆经济协调持续发展比较顺利。江苏、浙江、广西的海陆协调度历年变化较大，海陆经济之间的联动作用不平稳，统筹发展的战略还需要进一步深入研究。山东的海陆经济协调度相对较低，海陆对接发展还需要不断进行新的探索。辽宁的海陆协调度不高，但相对于沿海的 10 个省份来说相对平稳，2006—2010 年各年协调度有升有降，大致在 0.8 左右，说明辽宁省的海陆协调发展比较平稳，尤其是得益于 2003 年以后辽宁省各项海洋政策的实施，为海陆经济的联动与一体化发展提供了好的机遇。

第五章　海陆产业结构优化机制及研究方法

第一节　海洋产业结构演进及其优化机制

一、海洋产业结构演进的一般影响因素

海洋产业结构的演进是指海洋产业结构转换过程中各相关变量的联动关系、结构功能及其变动[96]。由于资源禀赋、发展模式、体制环境等要素的差异，不同地区具有不同的产业结构转换机制。但是，也有一些最基本的因素，使产业结构演进过程中带有某些规律性特征。具体而言，来自国民经济内部客观方面的因素包括在市场机制自发对资源实施配置基础上的需求结构和供给结构及其相互作用，在开放经济条件下，还包括国际经济大势各个方面的影响；来自于外部主观方面的因素包括依据特定经济发展阶段自觉制订的经济发展战略、在一定发展战略制约下实施的经济政策以及各种具体措施，此外，还包括历史、政治、文化及民俗等各因素的影响。实现海洋产业结构优化的过程，实质上是通过促进产业结构演进的各种因素的优化改善的过程。

1. 生产要素

生产要素包括资源、资金、技术、劳动力等，是实现经济增长的必要条件。海洋产业部门之间协调与否，与生产要素在各产业间的投入比例有很大关系。

（1）劳动力。海洋产业发展的劳动力条件，是指所拥有的劳动力资源，它是地区或国家内人口总体所具有的劳动能力的总和。劳动力条件对海洋产业结构演进的影响，主要体现在数量和质量两个方面。劳动力数量即劳动力供给人数的多少，劳动力质量则是劳动力体质和智能统一的素质条件。在劳动力较充足的国家或地区，最初一般优先发展劳动密集型的海洋产业类型；

在劳动力资源短缺而资金较为充裕的国家或地区，一般发展资本密集型海洋产业。当前，随着科技的进步以及海洋产业结构的不断提升，劳动力素质更成为推动海洋产业结构演进的关键因素，劳动力所具有的技术技能、生产经验等更能影响决定海洋产业结构演进的方向与速度。

（2）资金。沿海国家不断加大对海洋开发，海洋科技的投入力度，进一步优化投资结构，保障基础产业发展，大力推动优势产业和新兴产业的发展，以此来带动海洋产业结构的优化升级。资金的变化总量和资金的供应结构的变动是产业结构变化的直接原因。资金供给对产业结构的影响，既包括资金丰厚度对产业结构的影响，主要受经济社会发展水平、货币储蓄率、资本积累等多因素影响；还包括资金供给结构对产业结构的影响，主要受政策倾斜支持、投资偏好、货币利率、资金回报率等方面的影响。

2. 科技进步

科学技术是产业结构演进的根本动力，决定着海洋产业结构的演进方向。科技进步推动了海洋三次产业的发展，加速了整个海洋产业体系的结构分化与产业重组，形成了新的海洋产业分工体系，主要体现在：一是科技进步实现海水养殖技术与海洋捕捞技术的提升，推动了更先进的育苗、孵化、养殖以及远洋捕捞作业。海洋第一产业的发展，加大了对海洋渔业生产信息、技术服务等的需求，以海洋渔业信息服务为主的海洋第三产业也逐渐分化出来并不断发展。二是科技进步促使海洋第二产业迅速分化，规模效益开始成为海洋产业重组的目标；三是海洋第一产业的劳动力转移，满足了第二产业加速发展对劳动力的需求，提高了劳动力的边际生产率和要素组合水平；四是海洋第三产业因技术进步以及第二产业的分化逐步成为独立的部门体系；五是技术进步促使一些新兴海洋产业形成与发展，同时又加速了一些传统海洋产业的衰退，进而推动了产业结构不断向高级化演进。科技进步促进产业结构演进，实质上在于它导致了不同产业之间效率和扩展速度的差异，是海洋产业结构的演进中日益增强的重要影响因素。

3. 对外贸易程度

开放程度是衡量一个国家或区域对外经济活动程度大小的标准。在经济全球化背景下，一个国家或一个区域海洋产业结构演进必然要受到来自外部因素的影响。对外开放是促进海洋产业结构调整和升级的重要动力，因为开放促进竞争，竞争深化分工，分工带来比较优势，优势形成海洋主导产业。随着经济全球化、区域化趋势的进一步加深，国际贸易因素对一国产业经济的影响越来越明显。对外开放可以促进海洋产业结构调整和升级,主要是因为对外开放会引起市场供求关系的巨大变化,引起资源向销路好的优势产业集中,从而改变原有的资源配置格局,导致产业结构发生变化。从资源利用角度分析,海洋产业结构调整表现的是丰裕要素对短缺要素的有效替代,是按照比较优势利益的原则回归。其具体表现在三个方面:一是海洋第二产业中,资本与劳动之间的比例相对降低;二是海洋第三产业在整个海洋经济中的比重明显增加,显著提高了劳动要素对海洋经济生产总值的贡献份额;三是在海洋第一产业中,养殖、捕捞面积实际投入的有效劳动量大大增加,渔业的生产总值规模迅速增加。通过引进国外的资金、资源、先进技术、设备和管理经验,加快了国内海洋企业改革、改组和改造,增强了竞争能力。

4. 其他因素

海洋产业结构的变化除了受到以上各因素影响外,还受到国际政治、法律、政府经济政策、市场等诸多因素的影响。海洋产业政策是指导海洋产业发展和海洋产业结构调整的重要依据,海洋产业结构受海洋产业政策的影响最为直接。政府产业政策可以通过制定财政、货币政策等手段来调整供求结构、需求结构、国际贸易和国际投资结构,进而影响海洋产业结构。市场是资源配置的重要手段,市场投资与消费影响到产业结构的变动,市场法规和市场完善的程度是影响产业结构的重要因素之一[122]。

二、海洋产业结构优化的环境制约因素

海洋环境是海洋经济发展的依托,是海洋产业发展的保障。当海洋环境破坏或海洋资源稀缺时,海洋产业的结构也会发生重大的改变,各海洋产业之间就会争夺有限的海洋资源和海洋环境服务功能,进而形成海洋环境资源在海洋产业之间的重新分配。如何调整产业发展模式使环境资源得到可持续的开发利用,决定着海洋产业的未来。因此,海洋环境资源条件制约着海洋产业结构的调整。

海洋自然资源是海洋产业经济发展的自然基础,某种海洋自然资源的数量越多,利用该海洋自然资源发展起来的生产部门的规模就有可能越大。有某种资源优势,就可能发展起来以开发利用这些资源为主的海洋产业部门,不同种类的海洋自然资源的组合就可能导致以这些资源为利用对象的不同海洋产业部门的发展。一般来说,对于一个海洋自然资源丰富的地区,其海洋产业结构或多或少具有海洋开发型的特性,而海洋自然资源较少或匮乏的地

区就没有办法形成资源型海洋产业。因此，海洋资源分布和海洋产业分布具有一定的相关性，海洋资源结构对海洋产业结构产生一定影响。海洋自然资源的禀赋或条件，是形成一个地区甚至一个国家海洋产业结构的基本条件之一。对海洋自然资源的开发和利用，不仅直接影响到海洋产业结构演进，而且影响到海洋经济发展的质量和效益。任何一个国家和区域的海洋产业结构演进都会在不同程度上受到自然资源的制约，海洋自然资源的状况是决定海洋产业经济部门分布与发展的重要因素之一。但是，随着生产力水平的不断提高和科学技术的不断进步，海洋自然资源对海洋产业生产与分布的制约作用逐步削弱。因此，海洋自然资源是一个相对的概念，随着社会生产力水平的提高与科学技术的进步，那些当前不能为人类利用而转化为自然资源的自然环境要素，可能转化为自然资源，自然资源的内容将越来越丰富。尽管通过海洋自然资源的各级加工所形成的间接劳动对象也迅速增多，但无论劳动资料与劳动对象如何发展变化，归根到底仍然来源于海洋自然资源，区域产业结构的演进仍不能脱离海洋自然资源基础及其利用状况。但在目前科技与全球经济一体化充分发展的背景下，自然资源供给对海洋产业结构演进的影响作用正在逐渐弱化。

由于海洋环境资源和技术有限，各个海洋产业部门不可能采取均衡的发展战略，而只能从众多的产业部门中选择适合发展的主导产业来进行发展。选择什么样的产业作为主导产业，首先要考虑的就是资源环境条件，资源环境优势是形成主导产业的基础。对海洋的开发利用，势必要对海洋环境造成一定的影响，因此，在海洋资源的利用上，应使对海洋环境的损害程度控制在环境容量和环境承载能力的范围内，对资源的开发程度，应保证资源再生的可持续增长性。海洋产业结构的调整也应从传统的偏重经济增长的发展模式转向改善发展质量的协调发展模式。

综上所述，本文考察了海洋产业结构变动的经济因素，即供给、需求因素，及国际贸易因素，也考察了一个国家或地区的历史、政治、文化、经济、社会以及国际环境等非经济因素对该国产业结构的影响。经济因素和非经济因素相互联系和互相作用，综合影响和决定着现有海洋产业结构及其未来的发展变化。

三、海洋产业结构优化的驱动力

海洋产业结构优化是一个动态过程。通过不断地调整海洋产业结构，使得资源配置效率达到最优的过程，也是通过海洋产业结构调整，使产业结构效率、产业结构水平不断提高的过程。

1. 海洋产业结构高度化的动因

（1）供给因素。

自然资源的供给。自然资源禀赋往往是决定海洋产业结构构成的主要因素之一，充足的自然资源供给有利于产业结构的高度化发展。但是，自然资源评价还是一个问题，各地区拥有的资源种类不尽相同，有些地区在一种或几种资源上较为丰富，在别的资源占有上却较为贫乏。因此，评价分析自然资源状况，不仅在于分析其占有量的多少，更重要的是分析其资源在市场上进行交换的优劣势。目前，在全球经济一体化、科技进步与日益开放的市场经济背景下，资源短缺不再是海洋产业结构高度化的障碍，自然资源供给对海洋产业结构高级化影响效应正日趋减弱。

劳动力供给。劳动力供给的数量和质量对海洋产业结构的高度化有所影响。劳动力质量低会阻碍海洋产业结构向更高阶段发展，高质量劳动力能够推动海洋产业结构向更高阶段转变。同时，劳动力供给结构对海洋产业结构发展变化也有着重要影响。劳动力资源供给充裕，价格便宜，投资者就会向劳动密集型产业多投资；若劳动供给资源稀缺，价格上升，当劳动力的边际产出率小于资金的边际产出率时，投资者就会倾向投向资金密集型产业，推动资金密集型产业发展。

（2）需求因素。

市场经济时代，市场需求决定了产业价值，海洋产品只有经过商品交换才能实现其价值，市场需求结构的变化决定了海洋产业结构的变化、进程与方向，产业结构的转化必须遵循需求及其变动的客观规律，即市场需求由低层次到高层次转移，从生活必需品向高档消费品乃至奢侈品的转移，从易耗消费品向耐用消费品转移。受市场需求的触动，与需求结构的三个阶段相对立，海洋产业结构在不同的阶段也体现出相应不同的产业结构。第一阶段是重工业比重在轻重工业结构中不断增高的过程；第二阶段是加工高级化阶段，加工高级化一方面意味着工业体系以生产初级产品为主阶段向生产高级复杂产品为主的阶段过渡；第三阶段是知识技术高度密集化阶段，即在各工业部门愈来愈多地采用高级技术，导致以知识技术密集为特征的尖端工业的兴起。此外，市场为海洋产业结构高度化提供条件，海洋产业结构高度化所需的资金、技术、劳动力等，只有通过市场才能获得[97]。

2. 海洋产业结构合理化的推进力量

（1）海洋产业结构合理化调整的内在动力——市场机制。市场化进程的推进过程，实质上是不断强化市场机制，实现资源的优化配置过程，研究海洋产业结构理论的一个目的就在于如何适时适宜地推进海洋产业结构优化，以获得经济增长和资源配置高效化。从各国海洋经济发展历史来看，推进海洋产业结构优化的基本力量就是市场机制，市场受需求导向，引导政府行为和企业活动，成为推动海洋产业结构合理化调整的主要力量。

（2）海洋产业结构合理化调整的引导者——政府。海洋产业结构合理化是海洋产业结构调整的目标之一，为了实现这一目标，政府可采取积极的措施对海洋产业结构进行合理化调整。政府在结构调整中的作用，主要是做好预测、引导工作，如在引导投资方向、创造投资环境、制定各种方针政策等方面做好工作，保证海洋产业结构调整沿着合理化目标发展。

（3）海洋产业结构合理化调整的实际执行者——企业。海洋产业的基础是海洋产品，结构调整必须立足于海洋产品结构的调整，而企业作为海洋产品的生产经营者，必将成为海洋产业结构调整的实际执行者，在海洋产业结构合理化过程中扮演着重要角色，应确立企业在海洋产业结构合理化调整中的主体地位[98]。

第二节 海洋产业结构优化的分析方法

海洋产业结构内部每时每刻都存在物质、信息、资金、能量等的转换，并且海洋产业结构有一个演进和高级化的过程，因此对海洋产业结构的组成、比重、联系状态与方式的分析已经不能很好地拟合现实状态，这时就需要对海洋产业结构运用多种方法进行分析。就目前来看，常用的分析方法有以下几种。

一、海洋产业结构变动的分析指标

以时间序列数据为基础的产业结构动态分析，是把投资、劳动力的增加和科技进步等视为生产力增长的主要因素，常常用来分析产业结构变化状况的主要有以下一些指标。

1. 海洋产业结构偏离度分析

海洋产业结构偏离度[103]是一种直接反映海洋产业结构效益的重要量化指

标，也是测度海洋产业结构效益的一种有效的方法，主要通过某产业的就业结构与产值占 GDP 比重结构之间的不对称程度，判断产业结构是否合理化、协调化和高度化。其计算公式如下：

$$S_i = \frac{L_i}{C_i} - 1$$

其中，S_i 为产业结构的偏离度，L_i 为 i 产业就业人数的比重，C_i 为 i 产业产值的比重。

一般来说，产业结构偏离度与劳动生产率成反比。若海洋产业结构偏离度大于零即为正偏离，说明该产业的就业比重大于增加值比重，该产业的劳动生产率较低；若海洋产业结构偏离度小于零即为负偏离，说明该产业的就业比重小于增加值比重，意味着该产业的劳动生产率较低。理论上来说，产业的结构偏离度为 0 是最佳理想状态，各产业的劳动生产率都相同。在求解各产业的产业结构偏离度的基础上，得到整个区域的海洋产业结构总偏离度，公式如下：

$$S = \sum_{i=1}^{n} |S_i|$$

显而易见的是，S 值越大，该区域（领域）产业结构总偏离程度越大，就业结构与产值结构愈不对称，海洋产业结构的效益愈低下。

2. 海洋产业结构变动度指标

海洋产业结构是随着经济的发展而不断演进、变化的，不同时期有不同特点。衡量一段时期内产业结构的变化程度，可用海洋产业结构变化值指标[104]来加以判断分析，根据其变化值的大小我们可以看出某地区某段时间海洋产业结构的变化情况。结构变化值公式为：

$$K_i = |Q_{ij} - Q_{io}|$$

其中，K_i 为结构变化值；Q_{ij} 为报告期 i 次产业构成；Q_{io} 为起始期 i 次产业构成比重。可以在求解各海洋产业的产业结构变动度的基础上，得到整个区域（领域）海洋产业结构总变动度，公式如下：

$$K = \sum_{i=1}^{3} |Q_{ij} - Q_{io}|$$

这里，i 的取值范围为（1、2、3），代表海洋第一产业、海洋第二产业和海洋第三产业，而 k 值则相应地表示为按海洋三次产业计算的海洋产业结构变动值累加得到的变化绝对值。k 值越大，表示该区域海洋产业结构变化越大，反之则越小。

二、基于投入产出的海洋产业结构优化分析

1. 投入产出分析的基本概况与表结构

（1）基本概况。20 世纪 30 年代，美国经济学家列昂惕夫创立了利用数学方法研究现代经济活动投入与产出之间数量关系和规律的一种有效方法，即投入产出分析方法（Input-Output Analysis）[105]。投入产业分析的基本内容包括投入产出表的编制、投入产出模型的分析应用等内容，通过研究某个产品对其他产品的相互联系、各产品或部门之间的相互关系等，总结找出经济活动规律，以便能准确地做出经济活动平衡与控制。

（2）投入产出表的结构。投入产出表能集中反映各部门生产投入和产出的基本情况，按照不同分类标准有多种类型。如依据计量单位的不同可分为数据价值型投入产出表和实物型投入产出表、按研究时段不同可以有报告期投入产出表和计划期投入产出表；按统计范围不同可以有全国的、地区的，部门的、企业的投入产出表；按考察经济对象的不同可以分为价格的、产品的和固定资产的投入产出表等等。具体的价值型投入产出表的基本结构格式如表 5.1 所示，表结构由三个部分组成：

第一部分位于表的左上方，为部门间流量象限，表示劳动对象和生产性服务部门间的联系。表中纵列和横行由同名称生产部门组成，数目和顺序都相同。横向数字表示某产业向包括本产业在内的各产业提供中间产品的信息，也就是该产业的中间需求情况；纵向数字表示某产业由包括本产业在内的各产业购进中间产品的信息，也就是该产业的中间投入情况。

第二部分位于表的右上方，为最终产品象限，表示各产业部门的总产品除了用于第一部分的中间产品以外成为最终产品的部分。最终产品的去向也就是最终需求的内容，一般分为消费、投资、出口三类。

第三部分位于表的左下角方向，为增加值象限，是部门间流量象限向下部分的延伸。这一部分反映的是各个产业在一定时间内实现的增加值，由固定资产折旧 D_j，劳动者报酬 V_j，生产税净额 T_j 和营业盈余 P_j 四部分组成。

表 5.1　投入产出表的基本结构

Tab. 5.1　The basic structure of input-output tables

		中间使用					最终产品					总产出
		产业1	产业2	……	产业j	合计	消费	投资	流出	流入	合计	
中间投入	产业1											
	产业2											
	……	x_{ij}					C_i	I_i	E_i	G_i	Y	X_i
	产业i											
	合计											
增加值	固定资产折旧	D_j										
	劳动者报酬	V_j										
	生产税净额	T_j										
	营业盈余	P_j										
	合计	Z										
总投入		X_j										

2. 海洋产业投入产出分析

（1）海洋产业投入产出的均衡分析与关联分析。

从生产活动的投入角度来看，各产业都满足："中间投入+最初投入（增加值）=总投入"这一基本定律，即：

$$\begin{cases} x_{11} + x_{21} + \cdots + x_{n1} + D_1 + V_1 + T_1 + P_1 = X_1 \\ x_{12} + x_{22} + \cdots + x_{n2} + D_2 + V_2 + T_2 + P_2 = X_2 \\ \cdots\cdots \\ x_{1n} + x_{2n} + \cdots + x_{nn} + D_n + V_n + T_n + P_n = X_n \end{cases}$$

这里的变量要素所代表内容含义和表 5.1 所述一致（下同）。该方程组还可改写为：

$$\sum_{i=1}^{n} x_{ij} + D_j + V_j + T_j + P_j = X_j \qquad (j = 1, 2, \cdots n)$$

从生产活动的产出角度来看，各产业都满足："中间使用（中间产品）+

最终使用（最终产品）＝总产出"这一基本定律，即：

$$\begin{cases} x_{11} + x_{12} + \cdots + x_{1n} + C_1 + I_1 + E_1 - G_1 = X_1 \\ x_{21} + x_{22} + \cdots + x_{2n} + C_2 + I_2 + E_2 - G_2 = X_2 \\ \cdots\cdots \\ x_{n1} + x_{n2} + \cdots + x_{nn} + C_n + I_n + E_n - G_n = X_n \end{cases}$$

则，该方程组可改写成：

$$\sum_{j=1}^{n} x_{ij} + C_i + I_i + E_i - G_i = X_i \qquad (i = 1, 2, \cdots, n)$$

令：$a_{ij} = x_{ij}/X_{ij}$，$(i, j = 1, 2, \cdots, n)$，表示第 j 部门生产单位产出所消费的第 i 部门的产品或劳务的数量，称为直接消耗系数。它是指在生产过程中第 j 产品或产业部门的单位总产出所直接消耗的第 i 产品部门货物或服务的价值量。将各产品或产业部门的直接消耗系数用表的形式表现出来，就是直接消耗系数矩阵，通常用字母 A 表示。则上式又可以改写成：

$$\sum_{i=1}^{n} a_{ij}X_{ij} + D_j + V_j + T_j + P_j = X_j$$

$$\sum_{j=1}^{n} a_{ij}X_{ij} + C_i + I_i + E_i - G_i = X_i$$

完全消耗系数是指第 j 产品部门每提供一个单位最终使用时，对第 i 产品部门货物或服务的直接消耗和间接消耗之和。将各产品部门的完全消耗系数用表的形式表现出来，就是完全消耗系数矩阵，通常用字母 B 表示。由直接消耗系数可以推算出完全消耗系数，则：完全消耗系数矩阵的计算公式为：

$$B = (I - A)^{-1} - I$$

式中的 I 表示单位矩阵。

根据投入产出表能够研究产品与产品、产品与部门之间的相互关系这一特征，依据海洋产业投入产出表中的均衡关系，以及分析得出的各产业部门直接消耗系数和完全消耗系数，可以用来分析各海洋产业内部的关联关系以及各海洋产业与其他产业部门的关联关系。若海洋产业来自海洋产业部门的投入占其中间投入的比重较大，而其他产业来自海洋产业部门的投入占中间投入比重较小，则说明海洋产业对整体经济发展的带动作用较小，其他产业部门的带动作用较大，就需要进一步来提高海洋产业对整体经济的诱发作用。若海洋产业部门的中间产品用于海洋产业内的比重较大，而其他产业部门的中间产品用于海洋产业的比重较小，则说明海洋经济的发展主要依靠海洋产业自身的成长，其他产业对海洋产业发展的作用较小。产业直接消耗在经济依存关系中只是其中的一部分，产业之间还存在着广泛的间接联系，完全消耗系数能够较全面反映产业之间的投入产出关系[106]。若各海洋产业对海洋产业部门的完全消耗比重较大，则表明海洋产业之间的内部联系较高。

（2）海洋经济投入产出的波及分析。

投入产出表不仅可以用来研究产业间的比例关系和结构特征，还可以利用投入产出表计算出来的直接消耗或完全消耗系数，研究某一产业的变化对其他产业可能带来的波及影响，这称之为投入产出的波及分析，主要的指标包括感应度系数、影响力系数、生产最终依赖度、生产诱发系数与综合资本系数等。

● 感应度系数与影响力系数

感应度系数表示某个产业对其他产业发生变化时的感应强度。当感应度系数较低时，表明该产业对其他产业不够敏感，有可能会构成经济发展的制约。影响力系数反映了某产业的变化对其他产业产生的影响。当影响力系数较高时，表明该产业对其他产业会产生较明显的需求刺激，会进一步带动整体经济的发展。目前相关研究中所普遍使用的计算公式为：

$$F_j = \frac{\sum\limits_{i=1}^{n} r_{ij}}{\sum\limits_{j=1}^{n} \left(\sum\limits_{i=1}^{n} r_{ij} \times \alpha_j \right)}$$

$$G_i = \frac{\sum\limits_{j=1}^{n} r_{ij}}{\sum\limits_{i=1}^{n} \left(\sum\limits_{j=1}^{n} r_{ij} \times \alpha_j \right)}$$

以上两式中，r_{ij} 表示逆矩阵系数，G_i 表示 i 产业受其他产业影响的感应度系数，F_i 表示 j 产业影响其他产业的影响力系数。若某产业的感应度系数或影响力系数等于1，表示该产业的感应度或影响力在全部产业中居于平均水平；若感应度系数或影响力系数大于1，则表示该产业的感应度或影响力在全部产业中高于平均水平；若感应度系数或影响力系数小于1，则表示该产业的感应度或影响力在全部产业中低于平均水平。

● 生产诱发系数

产业的生产活动从需求、消费和投资三个方面对产业部门产生诱发作用。最终需求诱发系数是指最终需求每增加一个单位时，对对应产业的生产诱发额，用公式可表示为：

$$某海洋产业最终需求的生产诱发系数 = \frac{该海洋产业最终需求对生产的诱发额}{全部产业的最终需求合计} \times 100\%$$

公式中生产诱发额是指最终需求变化引起的某海洋产业部门生产总量的变化，其大小表明该产业最终需求项目对诱发其他产业生产拉动作用的大小，计算公式为：

$$T_i = \frac{\sum_{k=1}^{n} C_{ik} f_k}{\sum_{k=1}^{n} f_k} \quad (i, \ k = 1, \ 2, \ \cdots, \ n)$$

式中，T_i 为第 i 产业部门最终需求项目的生产诱发系数；$\sum_{k=1}^{n} C_{ik} f_k$ 表示列昂惕夫逆阵中第 i 行的向量乘以最终需求的和；$\sum_{k=1}^{n} f_k$ 为最终需求合计数；f_k 为各产业的最终需要值。同理：

消费诱发系数是指消费每增加一个单位时，对对应产业的生产诱发额，公式为：

$$某海洋产业消费的生产诱发系数 = \frac{该海洋产业消费对生产的诱发额}{全部产业的消费合计} \times 100\%$$

投资诱发系数是指投资每增加一个单位时，对对应产业的生产诱发额，公式为：

$$某海洋产业投资的生产诱发系数 = \frac{该海洋产业投资对生产的诱发额}{全部产业的投资合计} \times 100\%$$

调出诱发系数是指调出产品每增加一个单位时，对对应产业的生产诱发额，公式为：

$$某海洋产业调出的生产诱发系数 = \frac{该海洋产业调出对生产的诱发额}{全部产业的调出量合计} \times 100\%$$

- 生产的最终需求依赖度

生产的最终需求依赖度就是指某一产业的最终需求，对其他产业直接地和间接地引起的生产诱发额占全部最终需求对该产业引起的生产诱发额总量的比重，计算公式为：

$$某海洋部门的生产对最终需求的依赖度 = \frac{该海洋产业各最终需求生产诱发额}{该海洋产业部门的总产出}$$

$$\times 100\%$$

根据得出的各产业生产对各最终需求项目依赖度，可以把产业进行不同类别分类。如：若某产业生产对某最终需求的依赖度较高（如超过50%），就称该产业为"依赖××型"产业，如"依赖投资型"、"依赖出口型"、"依赖消费型"等。计算公式为：

$$Y_i = \frac{\sum_{k=1}^{n} C_{ik} f_k}{Q_i} \quad (i = 1, 2, \cdots, n)$$

其中：Y_i 为 i 产业的最终需求依赖度；Q_i 为第 i 产业的总产值。

- 综合劳动价值系数

综合劳动价值系数，是指某一产业为进行一单位的生产，在本产业与其他产业直接的和间接的劳动力价值量。用公式表示为：

某海洋产业综合劳动价值系数＝该海洋产业劳动价值系数×逆矩阵纵列系数的和。

其中，产业劳动价值系数指某产业生产单位产值所需要的工资量，即：产业劳动价值系数＝工资总额/该产业总产值。

3. 基于投入产出的海洋产业结构优化分析

依靠投入产出表来确定海洋产业最优产业结构的具体方法称为产业结构的特征分析法。其步骤如下：

定义产业结构分量（即产值比重分量）为：

$$H_j = X_j / \sum_{j=1}^{n} X_j \quad (j = 1, 2, \cdots, n)$$

确定最初投入结构分量为：

$$R_j = Z_j / \sum_{j=1}^{n} Z_j ; \quad Z_j = D_j + V_j + T_j ; \quad (j = 1, 2, \cdots, n)$$

获得最初投入率为：

$$S = \sum_{j=1}^{n} Z_j / \sum_{j=1}^{n} X_j \quad (j = 1, 2, \cdots, n)$$

其中，X_j 表示第 j 个部门的总投入，Z_j 为固定资产折旧 D_j、劳动者报酬 V_j 与生产税净额 T_j 的合计，表示第 j 个部门的初始投入。

$H = (H_1, H_2, \cdots H_n)^T$ 为产业结构向量；$R = (R_1, R_2, \cdots, R_n)^T$ 为最初投

入向量；S 为最初投入率；$A = (a_{ij})_{n \times n}$ 为直接消耗系数矩阵，则有：

$$XA + Z = X$$

其中：$X = (X_1, X_2, \cdots, X_n)^T$，$Z = (Z_1, Z_2, \cdots, Z_n)^T$，还可写为结构型投入产出关系式：

$$HA + SR = H$$

其中，H、R 是元素之和等于 1 的正规化向量。对于技术经济分配结构矩阵 A，相应的特征方程为：

$$|\lambda I - A| = 0$$

其中，λ 为参数，I 为单位矩阵，其解 λ_1，λ_2，$\cdots$，λ_n 特征根，与 λ_i 相对应的特征向量 U_i 满足：

$$AU_i = \lambda_i U_i$$

对于矩阵 A 所对应的特征根中，有唯一的实特征根 λ_{max}，满足条件：

$$\begin{cases} 0 < \lambda_{max} < 1 \\ |\lambda_i| < \lambda_{max} \end{cases} \quad (i = 1, 2, \cdots, n)$$

此时，称 λ_{max} 为 H 的主特征根，与 λ_{max} 对应向量 U_{max} 称为 A 的主特征向量。如果产业结构向量 $H = U_{max}$，表明产业结构向量 H 与主特征向量 U_{max} 重合，此时会有：

$$\begin{cases} HA = \lambda_{max} H \\ S = 1 - \lambda_{max} \end{cases}$$

每个部门的最初投入率均等于全社会最初投入率 $1 - \lambda_{max}$，国民经济的各个部门如同一个有机的整体，同步协调增长，此时称国民经济沿"最佳"轨迹前进，由此可得技术经济的主特征向量 U_{max} 是"最佳"的产业结构向量。经济沿"最佳"轨迹前进，是一种不断接近但很难达到的理想状态，一般都是通过不断调整产业结构靠拢"最佳"轨迹。虽然只是种理想状态，但是这个"最佳"理想状态可以充当产业结构水平的评价与判断标准，通过产业部门在产值比例上与理想产业结构的差距比较，可以找出制约经济发展的"瓶颈产业"，为产业结构调整指明方向，并确定出轻重缓急序列。

第三节　基于投入产出的辽宁省海洋产业结构优化分析

一、辽宁省海洋产业投入产出表的编制

按照本书前文讨论的海洋经济投入产出的研究方法，依据 2002 年和 2007 年辽宁省投入产出表中 122 个产业部门和 135 个产业部门投入产出数据，采用推导法编制了辽宁省 2002 年、2007 年海洋产业投入产出表，该表是价值型投入产出表，内容包括了辽宁省海洋产业经济的主要生产活动。

有关海洋产业的概念与划分标准等，在第 2 章已进行过详细总结，为了更加细致地分析辽宁省海洋产业间的投入产出关系，一方面参照了《中华人民共和国国民经济行业分类与代码》（GB/4754-2002）和《中国海洋经济统计指标体系》（征求意见稿）中有关海洋产业部门的划分方法，另一方面考虑到实际分析研究的需要和实际工作量的大小与现有的 2002 年和 2007 年辽宁省投入产出核算数据。辽宁 2007 年投入产出表参照《国民经济行业分类》（GB/T4754-2002），将国民经济生产活动划分为 135 个部门，与 2002 年投入产出表部门分类比较，2007 年投入产出表部门分类增加了 13 个部门，是 1987 年以来部门分类最细的一张投入产出表。为了便于比较，结合辽宁省海洋产业情况，本文着重考虑了海洋水产业、海洋油气业、船舶修造业、海洋交通运输业和滨海旅游业五大海洋产业，编制了海洋产业投入产出表。

本文在编制辽宁省海洋产业投入产出表时，依据推导法假定了一些系数将原始数据加以汇总[81]、[106]。对于海洋生产部门，重点考虑了辽宁省的五大海洋产业部门。其中：海洋水产业由辽宁省投入产出表中的渔业、水产品加工业和农、林、牧、渔服务业推导而来；海洋油气业由石油和天然气开采业推导而来；船舶修造业由船舶及浮动设备制造业和农林牧渔机械制造修理业推导而来；海洋交通运输业由水上运输业、仓储业推导而来；滨海旅游业由住宿业、旅游餐饮业、旅游业推导而来。考虑到投入产出的边际外部成本，本文将辽宁省除以上海洋产业以外的其他产业均纳入省内其他行业，作为一个部门进行核算。最终，本文编制的 2002 年和 2007 年辽宁省海洋产业投入产出表最终共核算包括海洋水产业、海洋油气业、船舶修造业、海洋交通运输业和滨海旅游业五大部门。基本表式内容见表 A.1、表 A.2。

二、辽宁省海洋产业投入产出分析

1. 均衡与关联分析

依据编制的海洋产业投入产出表，采用第4章介绍的有关投入产出均衡关系的分析方法，可分别计算出辽宁省海洋产业投入产出的直接消耗系数和完全消耗系数，具体结果见表5.2、表5.3。

表 5.2　2007 年辽宁省海洋产业部门直接消耗系数

Tab. 5.2　Marine industry sector of direct consumption coefficient in Liaoning in 2007

	海洋渔业	海洋油气业	船舶修造业	海上交通运输业	滨海旅游业	省内其他行业
海洋渔业	0.260 150	0.000 000	0.000 000	0.000 015	0.143 519	0.002 313
海洋油气业	0.000 027	0.000 002	0.000 014	0.000 000	0.000 350	0.043 353
船舶修造业	0.012 387	0.000 000	0.081 420	0.017 527	0.000 017	0.000 759
海上交通运输业	0.004 778	0.003 768	0.002 271	0.277 054	0.002 991	0.005 251
滨海旅游业	0.003 884	0.005 723	0.002 239	0.006 706	0.041 108	0.009 094
省内其他行业	0.207 592	0.387 016	0.537 589	0.408 332	0.447 210	0.585 384

表 5.3　2007 年辽宁省海洋产业部门完全消耗系数

Tab. 5.3　Marine industry departments complete consumption coefficient in Liaoning in 2007

	海洋渔业	海洋油气业	船舶修造业	海上交通运输业	滨海旅游业	省内其他行业
海洋渔业	0.356 551	0.006 241	0.008 107	0.009 473	0.209 105	0.012 942
海洋油气业	0.033 152	0.043 740	0.065 588	0.065 118	0.057 562	0.111 528
船舶修造业	0.019 207	0.001 164	0.090 280	0.027 982	0.004 228	0.002 672
海上交通运输业	0.014 800	0.012 878	0.014 877	0.394 729	0.015 647	0.019 463
滨海旅游业	0.013 083	0.015 914	0.017 416	0.024 489	0.056 690	0.025 255
省内其他行业	0.763 739	1.008 740	1.512 368	1.501 810	1.319 074	1.572 323

表5.3中的完全消耗系数反映了辽宁省海洋产业之间的投入产出关系。例如，滨海旅游业对海洋渔业的完全消耗系数为20.91%，说明滨海旅游业部门每提供一个单位最终使用时，对海洋渔业部门将直接和间接消耗20.91%的产品；海上交通运输业对海洋油气业的完全消耗系数为6.5%，说明水上运输部门每提供一个单位最终使用将直接和间接消耗海洋油气业6.5%的产品。从

表5.3还可看出，辽宁省海洋产业对海洋产业的完全消耗系数一般都较小，省内其他产业部门对海洋产业部门的完全消耗系数相对较高，表明海洋产业内部之间的联系要低于海洋产业与其他产业之间的联系。

从表A.1和表A.2的横向产出看，各产业部门投入到海洋产业内的产品占其中间产品的比重差别较大，其中：海洋渔业、船舶修造业两产业部门的中间产品使用于海洋产业内部的比重最大，分别占到各自部门中间产品的78.66%和68.88%；海洋油气业的中间产品用于海洋产业内的比重最低，仅有其中间产品的0.02%；其他产业部门的中间产品用于海洋产业的比重比较低，仅占其中间产品的5.12%；海洋交通运输业和滨海旅游业中间产品用于海洋产业内的比重居中，分别占其中间产品的34.65%和11.26%（表5.4）。经过进一步分析可知，全部的海洋产品投入到海洋产业内的比重比全省平均投入比率要高，也比省内其他产业部门投入海洋产业内部的比率高。全部海洋产品中用于海洋产业内的中间产品远远高于其他行业对海洋产业的投入，这则表明辽宁省海洋产业自身的成长发展是促进全省海洋经济增长的主要因素。

表5.4　辽宁省各产业部门投入到海洋产业内的产品占其中间产品的比重

Tab5.4　**The proportion of various industries investing the marine industry of Liaoning Province**

产业	海洋渔业	海洋油气业	船舶修造业	海上交通运输业	滨海旅游业	省内其他行业
投入比重	78.66%	0.02%	68.88%	34.65%	11.26%	5.12%

同样，从表A.1和表A.2的纵向投入看，各产业部门来自海洋产业部门内的投入占其中间投入的比重也存在明显差别（见表5.5）。可以看出，海洋渔业来自海洋产业内的投入占中间投入的比重最大，为57.53%；海上交通运输业、滨海旅游业、船舶制造业这三个部门来自海洋产业内的投入占中间投入的比重也较大，分别为42.46%、29.59%和13.785%，这表明加快这些部门的发展可以刺激整体海洋经济的发展。海洋油气业来自海洋产业内的投入占中间投入的比重较小，说明海洋油气业的中间投入大多来自省内其他产业部门，海洋油气业的发展对全省其他产业经济部门发展有较大影响。经进一步分析也可获知，海洋产业来自海洋产业部门的投入占中间投入的比重，比

全省全部产业来自海洋产业部门的投入占中间投入的比重要高，也比省内其他部门来自海洋产业部门的高，这表明辽宁省海洋经济对全省经济的拉动作用并没有达到全省的平均水平，今后需要继续调整海洋产业的投入结构，以提高海洋经济的诱发作用。

表5.5 辽宁省各产业部门来自海洋产业内部的投入占其中间投入的比重

Tab. 5.5 The proportion of various industries coming from the marine industry of Liaoning Province

产业	海洋渔业	海洋油气业	船舶修造业	海上交通运输业	滨海旅游业	省内其他行业
投入比重	57.53%	2.39%	13.78%	42.46%	29.59%	9.40%

2. 辽宁省海洋产业投入产出的波及分析

按照有关海洋经济投入产出波及分析的方法，仍然依据2007年辽宁省海洋产业投入产出表采用（表A.1、表A.2），对辽宁省海洋产业的投入产出波及效果进行分析，结果见表5.6。

表5.6 2007年辽宁省海洋经济投入产出波及分析

Tab. 5.6 The analysis of marine economy in-output in Liaoning in 2007

	海洋渔业	海洋油气业	船舶修造业	海上交通运输业	滨海旅游业	省内其他行业
感应度系数	0.197 199	0.169 419	0.140 972	0.181 197	0.141 873	1.067 947
影响力度系数	0.807 432	0.766 389	0.993 868	1.109 437	0.976 868	1.006 911
最终需求诱发系数	0.035 775	0.008 770	0.053 596	0.004 456	0.045 812	2.582 483
最终消费诱发系数	0.063 181	0.005 245	0.000 000	0.006 696	0.146 137	2.501 793
投资诱发系数	0.001 127	0.010 112	0.027 896	0.002 665	0.000 000	2.698 811
调出诱发系数	0.052 843	0.009 359	0.103 781	0.004 920	0.035 844	2.519 434
最终需求依赖度	1.289 048	0.461 588	2.584 042	0.364 511	1.570 992	1.930 156
消费需求依赖度	0.501 170	0.058 345	0.000 000	0.115 771	1.059 206	0.395 212
投资需求依赖度	0.015 111	0.298 142	0.500 688	0.081 166	0.000 000	0.750 912
调出需求依赖度	0.792 768	0.205 102	2.083 354	0.167 573	0.511 786	0.784 032
综合劳动价值系数	0.990 623	0.590 320	0.435 117	0.168 797	0.276 935	0.385 520

从分析结果可知：辽宁省海洋渔业、海洋油气船舶修造业、海洋交通运输业、滨海旅游业的感应系数均低于全部产业的平均感应系数（感应系数小于1）。

其中，滨海旅游业和船舶修造业的感应系数分别为 0.141 873 和 0.140 972，表明这两个海洋产业部门对其他产业敏感度不够，最有可能会成为制约海洋产业发展的主要瓶颈因素。而海洋渔业和海上交通运输业的感应系数相对较大，表明这两个海洋产业部门对其他产业的发展较为敏感，目前仍是支撑海洋经济发展的主要产业部门。

海上交通运输业的影响力系数在所分析产业中最大，为 1.109 437 大于1，这表明海上交通运输业对其他产业的影响力高于全部产业的平均影响力。当海上交通运输业的产出增加时，会对其他产业的需求产生较大的刺激作用。而海洋油气业的影响力系数最小，为 0.766 389，表明海洋油气业的拉动作用有限，缺乏对其他产业需求的刺激。

从生产诱发系数来看，辽宁省海洋渔业、船舶修造业和滨海旅游业这三个产业部门的最终需求诱发系数都较大，分别为 0.035 775、0.053 596 和 0.045 812，说明这些产业部门最终需求对其他产业部门的生产诱发作用较明显。滨海旅游业和海洋渔业这两个产业部门的消费诱发系数较大，分别为 0.146 137 和 0.063 181，船舶修造业和海洋油气业这两个部门的投资诱发系数较大，分别为 0.027 896 和 0.010 112，这些部门的投资与消费水平对于其他产业部门的生产诱发作用差异较大。海洋渔业、船舶修造业和滨海旅游业这三个部门的调出诱发系数较大（均大于 0.03），说明这些产业部门的调出量对于其他产业部门的生产诱发作用较大。

从最终需求依赖度来看，滨海旅游业和海洋渔业属于消费依赖型的产业部门（消费依赖度>50%）；船舶修造业和海洋油气业属于投资依赖型（投资依赖度>20%）；船舶修造业属于调出依赖型（调出依赖度>100%）。

从综合劳动价值系数来看，海洋渔业、海洋油气业和船舶修造业这三个部门的数值较大，分别为 0.990 623、0.590 32 和 0.435 117，表明这些部门利用的劳动力数量较大，充分发展这些产业可以提高就业水平。

三、基于投入产出的辽宁省海洋产业优化分析

根据本章第二节所讨论的海洋产业结构优化的分析方法，利用本文所编制的 2002 年和 2007 年海洋产业投入产出表（表 A.1 和表 A.2），可以探讨辽宁省海洋产业发展的最优结构问题。本文计算得出的实际产业结构分量和理论产业结构分量如表 5.7 和图 5.1 所示。

表 5.7　2002 年和 2007 年辽宁省海洋产业实际结构分量与理论结构分量

Tab5.7　The actual and theory marine industry structure vector of

Liaoning Province in 2002 and 2007

产业部门	2002 年 实际产业结构分量	2007 年 实际产业结构分量	理论产业结构分量
海洋渔业	25.10%	22.49%	18.78%
海洋油气业	20.68%	17.45%	9.52%
船舶修造业	12.04%	19.05%	16.24%
海上交通运输业	8.34%	11.23%	23.26%
滨海旅游业	26.85%	36.78%	32.08%

从表 5.7 和图 5.1 可以看出，从 2002—2007 年，辽宁省部门海洋产业结构基本是按照海洋产业结构演进的规律在不断变化，如以船舶修造业为代表的海洋第二产业的比重在不断上升，以海洋交通运输业为代表的海洋第三产业在不断上升。但从计算结果也发现，2002—2007 年间，海洋渔业的比重在上升、海洋油气业和滨海旅游业的比重在不同程度上有所下降，这与辽宁省海洋经济目前开发重点有关系。

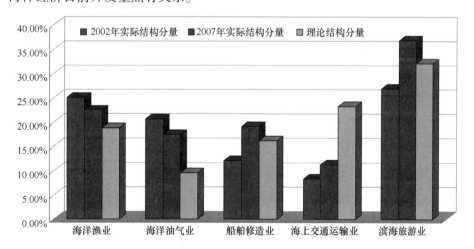

图 5.1　2002 年和 2007 年辽宁省海洋产业实际结构分量与理论结构分量

Fig. 5.1　The actual and theory marine industry structure vector of Liaoning

Province in 2002 and 2007

可以看出，与海洋产业理论结构分量相比较，海上交通运输业的理论结构分量值要高出实际结构分量值许多，这说明该产业发展的还尚不充分，还有较大的提升空间，在现有的技术经济条件下应该发展的更好一些，其产值比重应该再提高一些。海洋交通运输业作为海洋第三产业，不仅包括海上运输业，还包括港航服务业以及物流、仓储等部门。在本文编制辽宁海洋产业投入产出表时，海洋交通运输业是由水上运输业、仓储业推导而来，因此辽宁省海洋交通运输业的发展，特别是港航服务业的发展还有待于加强，海陆统筹战略背景下，需要充分考虑海上运输与陆域集疏运体系的配套协调，完善海陆交通的服务网络联系。

对于海洋油气业来说，2002—2007 年，海洋油气业的结构分量从 20.68%下降到 17.45%，这与当前资源紧缺、开采成本上升、国际油价动荡等因素有关系。与理论结构分量相比较，2002 年与 2007 年的实际结构分量值都高于理论结构分量值，这说明该产业在现有的技术经济状况下开发的规模较大，已经超过其理论上限，属于结构不当的行业，需要对其结构进行优化调整，积极培育资源节约型的项目形式。

海洋渔业、船舶修造业和滨海旅游业这三个产业的实际结构分量和理想结构分量相差不大，表明这些产业在目前经济技术条件下实现了较充分发展，产值比重适当。

第六章　海洋产业布局的合理化研究

第一节　海洋产业布局的基本理论

一、海洋产业布局的内涵

海洋产业布局又称海洋产业的空间结构，是指海洋产业各部门在海洋空间内的分布和组合形态。如同陆域产业一样，海洋产业活动必须以一定范围的空间地域为依托。这一地域并不完全是"海域"，更多的是海陆交错的过渡型区域。从自然地理角度，具体包括潮间带、潮下带、浅海、大洋以及一部分临近潮间带的狭长的陆上地带，即潮上带。

海洋产业布局与海洋产业结构有着密切关系。海洋产业布局是海洋产业结构在海洋空间上的反映，一定的海洋产业结构在地域上必然有其特定的空间分布和组合形态。海洋产业结构与海洋产业布局之间相互作用，共同影响着海洋经济的增长。因此，海洋产业结构与海洋产业布局是同一事物的两个方面，海洋产业结构实质上是"海洋产业—空间结构"。

从生产力发展的角度来看，海洋产业布局即海洋生产力的空间配置，它要解决的是什么时间在什么地点开展多大规模的何种海洋产业活动的问题。生产力是将丰富的海洋资源转换为人类发展所必需的物质资料的唯一手段。生产力在海洋空间内的分布形态在很大程度上影响着人类开发利用海洋资源的效果。资源、能源在海洋空间内的不均匀分布，以及沿海各地区在经济发展水平和社会文化背景方面的差异决定了我们不可能实行海洋生产力的均衡配置，必须在开发的对象、规模和时序等方面分出层次。当前，各产业部门间利益冲突的产生以及海岸带生态环境的破坏在某种程度上正是实行海洋生产力均衡配置的结果。

通过生产力在海洋空间内的最优配置，在可持续发展的前提下，最大限度地发挥海洋的功能价值和整体效益是进行海洋产业合理布局的最终目的，也是判断海洋产业布局是否合理的根本标准，是科学发展观在海洋经济领域的具体体现。海洋资源具有整体性、流动性和使用多样性等特点，合理的产业布局是海域使用整体功能与整体效益有效发挥的综合体现，它不是诸多海洋资源开发利用效益的简单相加，而是海洋资源综合开发效果的总体反映，合理的海洋产业布局具有乘数效应。海洋产业的布局既要考虑各海区的资源禀赋，又要考虑各海区的社会经济基础，因此是一项极其复杂的系统工程。正是基于这一原因，海洋产业的最优布局状态通常很难实现，在大多数情况下，它只是继海域资源产权初始配置之后的一个不断优化的动态过程。

从政府管理的角度来看，海洋产业布局是一种决策和实施的过程，是政府对各地区海洋产业开发的对象、规模和时序等作出的安排。这种安排是政府对各种利益，包括区域与区域之间的利益、部门与部门之间的利益和长期与短期之间利益进行权衡的结果，进行权衡的依据主要是各地区的资源禀赋状况和社会经济条件。其中，资源禀赋状况主要包括各种海洋资源在各地区分布的种类、规模和质量。社会经济条件主要包括各地区的经济发展水平、技术条件、产业结构、基础设施状况及产品的市场需求状态等。有效地解决沿海各地区、各部门在海域利用方面的冲突与矛盾，实现海洋资源的综合开发利用，达到经济效益、社会效益与生态效益的统一是各级政府海洋产业布局决策的主要目标。

海洋作为资源具有整体性、流动性和使用多宜性等特点，合理的产业布局是海域使用功能价值有效发挥的前提，具有乘数效应（Multiplier Effect）。海洋产业的合理布局既要考虑各海区的资源禀赋，又要考虑各海区的社会经济基础，是一项复杂的系统工程。

二、海洋产业布局的特点及演化规律

海洋产业由于自身的技术经济要求不同，而在空间布局上呈现出不同的特征。沿海地区根据自身的条件，扬长避短，发挥优势，形成了各具特色的海洋产业的专门化。同时，沿海地区由于经济发展水平不同而形成了不同类型的海洋产业结构以及各具特色的海洋产业的地域组合。

海洋第一产业即广义的海洋渔业，包括海洋捕捞业、海水养殖业以及海涂种植业，它是人类利用海洋生物群体的生命力，把海洋自然环境里的潜在的物质和能量，转化为人们最基本的生活资料以及工业原料的一个生产部门。

在海洋渔业的布局方面，由于海洋渔业的生产特点，它对于自然环境有着极强的依赖性，其生产的过程与海洋生物的自然生长过程相一致。因此，这一部门的生产周期较长，有的需要露天作业，有的需要特殊的温度和水温要求，而且占地面积相对较大，为达到稳产高产的目的，必须创造条件满足其生长发育的各种要求。

海洋第二产业又称为海洋加工业，它是对海洋渔业和海洋能源和资源进行提取和加工，以及对与海洋开发和利用关联的工业品（如原料工业、零部件工业等）进行再加工和组装的部门。海洋第二产业门类众多，包括海产品加工业、港口建筑业、造船业、海洋油气业、海盐业、海滨砂矿业、海水直接利用产业和海洋药物业等，它们的布局特点各不相同。但它们的共同点是：用现代化的手段进行大规模的集中生产；对基础设施和市场有着很强的依赖性；有较强的规模经济和聚集效益。海洋加工业是国民经济中大工业的重要组成部分，工业是工业化社会的主导部门，随着海洋经济在国民经济中的比重的增长，海洋加工业在国民经济中的地位将日趋重要。

海洋第三产业又称海洋服务业，包括：①为海洋生产服务的部门。它是生产在流通领域的延伸，包括与海洋经济有关的商贸系统等。②为人们生活提供服务的部门，包括滨海旅游业、特色海鲜餐饮业，为海洋第一、第二产业的工具进行修理的行业等。③提供海洋信息服务的部门。随着人类进入后工业化社会，信息的作用日益重要，海洋信息，包括海洋导航服务、海洋天气预报服务、海洋邮电通信服务等。由于信息所创造的价值在国民生产总值中所占的比例日益增大，有人主张把信息产业从第三产业中分离出来称为第四产业。④与海洋经济有关的政府机关、社会团体等服务部门。

海洋第三产业布局主要有以下特点：①服务性。海洋第三产业也是通过劳动创造价值，其价值的大小是根据不同质量和效果的服务来衡量的。②依附性。海洋第三产业依附于海洋第一、二产业而存在，其规模和结构要与第一、二产业相适应，不可能独立存在和发展。③多样性。海洋第三产业虽然只提供单一的产品，即服务，但服务的对象和内容却极为广泛和多种多样。④网络性。海洋第三产业大多数行业的服务是网络化的，体现在布局上，既要求分散，又要相互衔接，在节点上形成中枢性的活动中心，沿海城市一般就是这种网络的节点。

在产业集聚与扩散规律作用下，海洋产业布局的演化大致经历了以下三个阶段：

第一阶段：均匀分布阶段。在传统社会里，海洋产业一直限于"渔盐之利，舟楫之便"三种产业形式。由于技术水平不高，这一时期的海洋产业布局受自然资源和自然环境制约强烈，加之产品不能满足市场需求，海洋产业布局的主要任务是扩大产业生产能力。因此，这一时期海洋产业自由发展状态，在布局上主要表现为以区域自然环境与资源为导向，以技术扩散为纽带所展开的产业活动空间沿海岸线的不断扩展，总体上呈均匀分布特征。

第二阶段：点状分布阶段。其基本特征是沿海小城镇的快速发展。沿海小城镇是海洋生产要素和产业高度集聚形成的空间实体，是海洋产业集聚性的集中体现。随着海洋经济的不断发展，海洋产业形式不断增多，海洋产业的集聚性不断增强，相关海洋生产要素和产业不断向特定区域空间集聚，从而形成一批海洋产业特色鲜明的沿海小城镇。这些小城镇便是海洋产业布局中的点，它们在一定程度上起着组织区域海洋经济发展的作用。

第三阶段："点—轴"分布阶段。与陆域产业相同，海洋产业的过度集中也会产生聚集不经济，进而引起海洋经济中心产业的扩散。随着沿海城镇体系的发育，不同海洋经济中心之间、海洋经济中心与陆地区域中心之间、海洋经济中心与其依托腹地之间的经济联系都会不断增强，物质、人口、信息、资金流动日益频繁，这促进了连接它们的各种线形基础设施线路的形成，而这些线路一旦形成，便会成为承接海洋产业集聚和海洋经济中心产业扩散的重要载体，不断吸引人口和产业向沿线集聚，从而促使海洋产业布局形态逐步由点状分布向"点—轴"分布转变。

第二节　辽宁省主要海洋产业布局情况及政策建议

一、辽宁省主要海洋产业布局情况

1. 港口工业项目用海

截至 2013 年 12 月 31 日，国家海域动态监视监测管理系统中共计确权港口用海项目 246 个，证书 294 本，共计确权用海面积 11 885.93 公顷，占全国港口用海项目面积（74 825.61 公顷）的 15.88%。从项目位置来看，大连市确权的项目和证书数量最多，而营口市确权的宗海面积最大，约占辽宁省确权宗海面积的 30.66%；从空间分布来看，宗海面积大于 45 公顷的港口用海多集中分布于锦州港、营口港和大连港，并形成三大集中分布区；从行业地位来看，2010 年辽宁省完成的国际标准集装箱吞吐量 969 万标准箱，占全国总量（13 146 万标准箱）的 7.37%；完成货物吞吐量为 67 790 万吨，占全国总周转量（564 464 万吨）的 12.01%（图 6.1）。

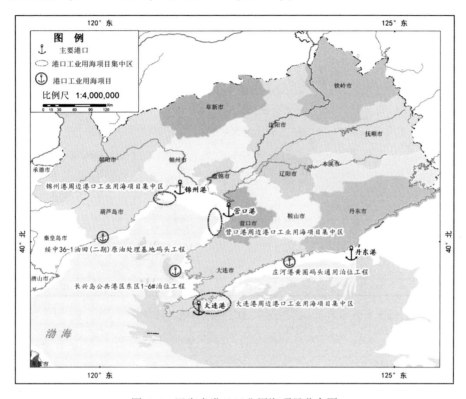

图 6.1　辽宁省港口工业用海项目分布图

Fig. 6.1　Distribution map of port industry in Liaoning Province

2. 电力工业项目用海

截至 2013 年 12 月 31 日，国家海域动态监视监测管理系统中共计确权电力工业用海项目 7 个，证书 12 本，共计确权用海面积 862.46 公顷，占全国电力工业用海项目面积（74 825.61 公顷）的 7.27%。从项目位置来看，大连市确权的项目、证书数量、宗海面积最大，约占辽宁省确权宗海面积的 92.31%；从空间分布来看，六个项目分布在大连，其余一个分布在营口。2010 年我国海洋电力增加值达 38.1 亿元，较 2001 年翻了 21.67 倍（图 6.2）。

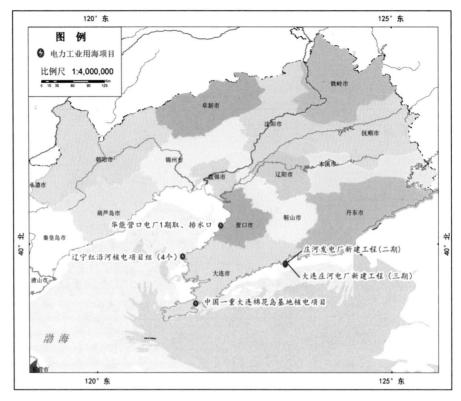

图 6.2 辽宁省电力工业用海项目分布图

Fig. 6.2 Distribution map of the power industry in Liaoning Province

3. 石化产业项目用海

截至 2013 年 12 月 31 日，国家海域动态监视监测管理系统中共计确权石化产业用海项目 43 个，证书 55 本，共计确权用海面积 1 984.13 公顷，占全国石化产业用海项目面积（30 081.82 公顷）的 6.59%。从空间分布来看，石化产业用海多集中分布于锦州港、长兴岛和大连港，并形成三大集中分布区；从行业地位来看，2010 年辽宁省原油产量为 13.01 万吨，占全国总周转量的 0.28%，天然气产量为 3 069 亿立方米，占全国的 0.28%，海洋化工产品产量 652 876 吨，占全国产量的 5.68%（图 6.3）。

4. 船舶工业项目用海

截至 2013 年 12 月 31 日，国家海域动态监视监测管理系统中共计确权船舶工业用海项目 81 个，证书 97 本，共计确权用海面积 3 566.13 公顷，占全国船舶工业用海项目面积（11 180.34 公顷）的 31.9%。从项目位置来看，大

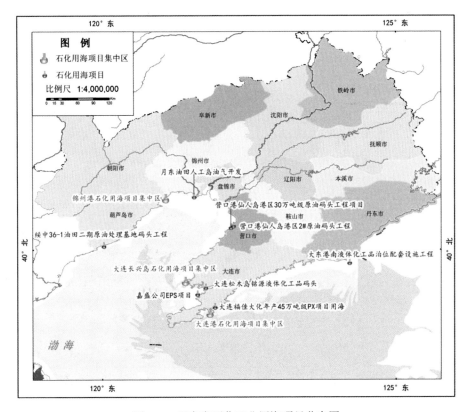

图6.3 辽宁省石化工业用海项目分布图

Fig. 6.3 Distribution map of petrochemical industry in Liaoning Province

连市确权的项目、证书数量最多、宗海面积最大，约占辽宁省确权宗海面积的67.48%；从空间分布来看，宗海面积大于45公顷的船舶工业用海多集中分布于葫芦岛、营口港、大连港和大连长兴岛，并形成四大集中分布区；从行业地位来看，2010年修船完工量234万艘，占全国总完成量（1 866万艘）的2.32%。从海洋产业来看，2010年我国船舶工业增加值达1 215.6亿元，占全国主要海洋产业增加值的7.51%（图6.4）。

二、辽宁省主要海洋产业布局建议

《辽宁沿海经济带发展规划》上升为国家战略后，辽宁海洋产业将在沿海经济带建设中发挥重要作用。按照《辽宁沿海经济带发展规划》，"大连—营口—盘锦"是辽宁省海洋经济发展的主轴，目前其海洋生产总值占到全省的80%。从海洋经济历史发展程度来说，这条主轴以东的黄海翼发展水平要高

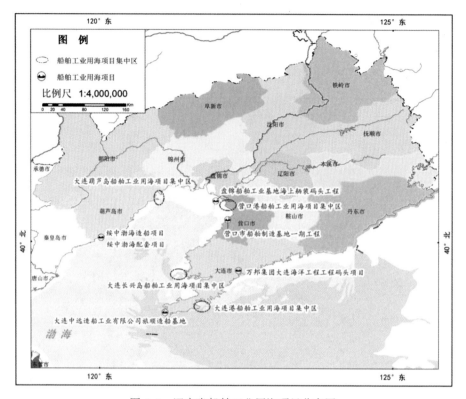

图 6.4　辽宁省船舶工业用海项目分布图

Fig. 6.4　Distribution map of marine industry in Liaoning Province

于渤海翼，但在近年来辽宁省产业布局的调整过程中，辽宁省加大了锦州港和葫芦岛海洋船舶基地的建设，海洋资源开发薄弱的渤海翼在《辽宁沿海经济带发展规划》的推进下将直接实现跳跃式发展，成为辽宁省海洋经济增长最具潜力区域。未来发展过程中，石油化工、新材料、制造业、船舶修造业、石油装备制造业等产业要优先布局于此，尽快形成产业聚集。虽然盘锦是辽宁海洋油气业发展的主要区域，但目前生产石油的盘锦市已列入资源枯竭需要转产的城市行列（辽宁历年海洋油气产量见表 6.1），因此辽宁海洋油气业从长远发展来看将逐步萎缩。

表 6.1　辽宁省海洋油气产量及占全国产量比例（2000-2013 年）

Tab. 6. 1　Marine oil and gas production in Liaoning province and its proportion in the whole country（2000-2013）

年份	辽宁海洋原油		辽宁海洋天然气	
	产量（万吨）	占全国产量比例	产量（万立方米）	占全国产量比例
2000	26.00	1.2%	8 934	1.9%
2001	25.00	1.2%	8 524	1.9%
2002	21.88	0.9%	8 940	1.9%
2003	20.00	0.8%	9 550	2.2%
2004	19.99	0.7%	9 911	1.6%
2005	18.99	0.6%	8 200	1.3%
2006	19.03	0.6%	8 561	1.1%
2007	23.17	0.7%	8 231	0.9%
2008	19.03	0.6%	8 561	1.1%
2009	23.17	0.7%	8 231	0.9%
2010	22.80	0.6%	5 937	0.7%
2011	22.80	0.6%	5 937	0.7%
2012	13.01	0.2%	3 069	0.3%
2013	10.75	0.2%	2 370	0.2%

　　黄海翼海洋经济发展基础较好，大连庄河海洋渔业经济领跑辽宁千里海疆，是辽宁省海洋渔业大市（县），而丹东的海洋渔业、滨海旅游业也保持着良好的发展势头。《辽宁沿海经济带发展规划》提出黄海翼要"重点发展沿海临港装备制造、新材料、石化、能源、家居制造、服装服饰、水产品增养殖和加工、旅游、现代物流等产业。"虽然"五点一线"格局中黄海翼占了两点，但庄河和丹东两点的发展重点在陆域经济，所以从海洋经济发展的角度来说，辽宁黄海翼首先要保持其海洋渔业的产业优势，毕竟海洋渔业是辽宁海洋经济的基础产业，大连、丹东应该扶植发展海洋水产加工、渔业服务业等技术含量相对较高的产业作为海洋渔业的主导方向。其次滨海旅游业也是黄海翼应该大力发展的海洋产业之一，海滨度假、休憩、海洋垂钓、海上体育娱乐、海滨浴场、海鲜品尝、渔村体验等海洋休闲旅游是滨海旅游的重点发展方向，随着滨海养殖业的不断壮大，滨海观光渔业旅游也将成为滨海旅游新的发展方向。在港口航运、海洋船舶工业、临港工业等方面，黄海翼可

以配合陆域经济适当发展，成为主轴的有力补充。丹东可以在全省率先发展海洋风力发电产业，丹东港则适合建设成为区域性物流中心。

　　辽宁沿海经济带上有大连、营口两个亿吨大港，后来居上的营口港应该不再只是大连港的补充，而应该和大连港一起成为枢纽港，共同建设东北亚国际航运中心。实施区域港口整合战略，合理配置各港口功能，推进港口资源的优化布局，形成以大连港和营口港为主要港口，以丹东港、锦州港、盘锦港和葫芦岛港为地区性重要港口的分层次布局格局。实施分类发展战略，按照港口功能和区域发展地位，引导各港口合理发展。

第七章　结论与展望

第一节　促进辽宁省海陆产业协调发展与海洋
产业结构优化的对策

一、加强海陆产业要素流动和统筹配置，促进海陆统筹开发

综合考量辽宁省的地理与地区优势、资源状况、生态特征、开发现状、经济社会基础以及未来发展需求等，统筹规划辽宁省海陆产业发展与沿海区域经济布局，逐步打破沿海区域内制约生产要素流动的市场与行政障碍，促进海陆生产要素的合理流动，从海陆双向统筹配置资源、资金、技术、人才等生产要素，合理利用包括近海海域、岛屿、沿海陆域的资源与空间，加强海陆功能区域整合，推动海陆产业之间实现错位性与互补性发展，增强沿海地区资源保障和可持续发展能力，逐步推动陆地生产力向海推移、海上生产向陆拓展，提高沿海地区与近海承载能力。

1. 促进海陆产业的统筹发展

海洋经济与陆域经济密切联系，相互依存，互动发展。海陆产业之间的经济运作、空间布局等方面存在着密切联系[118]。从目前辽宁省海陆产业的发展实际来看，我国沿海地区已经对加强海陆产业之间的联系给予高度重视，统筹海陆经济发展是实现经济科学发展的关键举措。海陆统筹就是要统筹海陆产业发展规划与产业布局，促使生产要素自由流动和高效集聚，建立专业化分工协作体系[119]。因此，沿海地区要根据各自的发展优势，选择主导产业和支柱产业加速发展，并围绕支柱产业合理安排配套产业，形成若干各具特色、协调发展，具有国际影响力和竞争力的发展集群。同时要合理构建、延长海陆产业链条，加强海陆产业间的联系与互动，共同推进海陆一体化进程。

（1）加快海陆产业关联度高的产业发展。根据前文的分析结果，辽宁省

各海洋产业按其与陆域经济关联度高低排序依次为海洋渔业、海洋交通运输业、滨海旅游业、海洋船舶工业、海洋石油和天然气业、海洋生物医药业、海洋盐业。因此，今后要根据海陆产业关联度的高低次序以及海陆经济一体化进程，依次推进海陆产业的发展重点与秩序。在继续加强对海洋渔业、海洋交通运输业和滨海旅游业等海洋传统产业优化升级的基础上，进一步加大发展海陆产业关联度较高的海洋船舶工业、海洋油气业、海洋生物医药业等，推动海洋产业链条向内陆腹地不断延伸，加快发展关联度较高的海洋产业以及相应的前向关联或后向关联的陆域产业。

（2）发展现代化港口。现代化港口是海陆经济统筹发展的重要依托点，是实现海洋经济与陆地经济最有效的接轨平台。海陆统筹要以港口为核心轴点，以沿海陆域及近岸海域为经济载体，依靠现代化港口的集聚与扩散作用，吸引海陆优势资源要素在港口地区集聚发展，并积极向海向陆延伸。

（3）积极发展临港（海）产业。临海产业介于海洋产业与陆域产业之间，是海陆经济统筹发展的纽带。以临港（海）产业作为增进海陆产业联系的纽带，既可以把海洋产业所具有的海洋及海洋资源利用优势向陆域产业系统转移和拓展，也可以促进陆域产业将所积累的技术、资源等优势向海洋产业系统延伸。因此，结合辽宁沿海经济带升级为国家战略，积极发挥临海临港优势，以港口为依托，积极发展一批港口依赖性强、对海洋资源开发利用关联度高的船舶工业、高端海洋装备制造业、海水淡化、海洋新能源、海洋石油化工等临港（海）产业群，促进滨海产业向陆域延伸，促进临港（海）产业集聚。

2. 促进海陆资源的有效替代

海洋资源是海洋经济发展的物资基础，也是缓解陆域资源矛盾潜在的替代资源。通过海陆资源有效替代，依托丰富的海洋生物资源，进一步增强对陆域地区食物的供给替代能力；利用广阔的海域空间缓解陆域空间不足的矛盾；利用临海临港的区位优势大力发展外向型经济；利用海底丰富的矿产资源，提高能源、矿产等资源保障能力；加快海水淡化研究与实践，缓解沿海地区淡水资源紧缺的矛盾，促进海陆资源的共同开发与统筹开发。辽宁沿海地区应明确自身发展特色、把握住自身存在优势，充分利用当地的海洋产业确定一批重点产业并大力发展。要依靠重点产业和主导产业的发展，加快构建海陆产业的链条枢纽，并通过产业链的横纵向延伸，加强沿海与陆地的有效衔接，带动陆地关联产业的发展，提高海陆资源利用效率。

3. 促进海陆环境的统筹调控

生态环境协调是海陆统筹发展的基础。海洋污染主要来自陆地，保护海洋环境必须从陆地抓起[120]。未来海陆环境统筹调控，一方面要根据海洋资源环境承载力，高起点制定长远的、科学的、权威的海陆经济协调发展规划，坚持资源开发与生态环境保护并重的原则，以海洋资源环境承载力规范、调整海洋经济发展方向、规模和速度，以海域环境容量确定陆源污染物排海总量，加快沿海地区生活污水、垃圾处理和工业废水处理设施建设，限制污染排放，按照海洋资源环境承载力制定海陆产业发展战略及发展目标，合理确定海陆产业的发展方向和空间布局。另一方面，完善制定促进海洋循环经济和低碳经济发展的鼓励政策，积极优化能源消费结构、减少温室气体排放，促进能源结构多元化，实行海洋生态补偿制度，逐步建立起"污染者治理、利用者付费、开发者保护、破坏者补偿、政府增加投入"的投资机制。

二、加快海陆产业集群，促进海陆产业优化升级

1. 促进海洋开发产业化发展，提高海洋经济比重

当前，全国各地区都越来越重视海洋开发，沿海经济带建设步伐加快，涉海相关产业逐步壮大。把海洋经济统计核算与海洋产业分类纳入海洋经济范畴，将是促进辽宁海洋经济科学发展的基本前提与重要工作。2013年，辽宁省海洋生产总产值达到3 741.9亿元，比1996年的207亿元增加了17倍，占到全省地区生产总值的13.8%，海洋经济已成为全省国民经济新的增长点。但是其对国民经济的贡献还较低，发达国家或地区的海洋经济已经占到国内生产总值的40%~70%。因此，辽宁要按照高科技、新产业、大市场的现代海洋开发思路，继续做好海洋产业分类与统计，进一步开发海洋资源，提高其产业化程度，尤其要发展海洋第二、第三产业，提高海洋经济在国民经济中的比重。

2. 优选战略产业，构建现代海洋产业体系

海洋产业是海洋经济的主体，是融多行业、多学科为一体的综合性产业。从海洋产业特点出发，辽宁省海洋产业结构优化中应该优选战略产业，围绕优势海洋产业开展技术创新和产业改造，实现产业升级，努力培植新的长远增长点。辽宁目前虽已经形成较为完备的海洋产业体系，但海洋产业结构水平还有待于进一步优化与提高。依据海洋产业在技术进步、产业关联贡献等

方面的差异，辽宁省应将海洋交通运输、海洋能源、船舶修造、滨海旅游、海洋科研和综合服务、海洋生物工程等产业作为辽宁未来战略性产业加以对待，努力促进这些产业加速发展。对于海洋捕捞、海水养殖等产业，因其比重较大，目前仍应作为支柱产业加以扶持发展，保持合理的结构比例。而且，未来辽宁海洋经济的发展，要按照国家构建现代产业体系的总体思路，制订并实施海洋产业发展指导目录，本着进一步优化海洋产业结构、推进产业体系从低级到高级、从结构存在偏差到基本合理的原则，以目前海洋经济基础为起点，构建以战略性新兴海洋产业、现代海洋服务业为先导，以临海（港）产业（海洋装备制造、海洋化工等）、滨海旅游业、海洋交通运输为支柱，以现代海洋渔业（现代海水增养殖业）为特色的现代海洋产业体系。

3. 构筑开放型临海（港）产业体系

以海洋产业为特色的临海经济是开放型经济，对外开放与区域合作是临海产业发展最为显著的特征。坚持海陆统筹、加强区域合作，推动临海产业集群发展，是确保辽宁海洋经济发展活力的重要前提。充分发挥海洋装备制造、海洋新能源、海洋生物医药和滨海旅游等产业带动力大、产业链长等特点，以配套产业链配置为基础，突出产业链的延伸、耦合、配套，形成上下游企业相邻布局的产业布局模式，加大战略性新兴产业培育力度，加快产业结构调整，实现地方经济增长方式的转变。全面升级临海（港）产业园区建设，加快辽宁省各地市产业园区的整合和优化进程，大幅度提升现有临海（港）产业园区内的产业集聚发展水平和园区辐射带动能力，构筑开放型临海（港）产业体系。

三、构建完善海陆统筹发展的政策、法规、管理体系

1. 成立大部门海陆统筹管理委员会或类似机构

目前，我国还没有统一的海陆统筹发展战略、政策和发展规划，缺乏统一规划与领导，导致部门间工作不协调，这种分散的海洋管理体制已经不能适应我国海洋事业和海陆经济高速协调发展的需要。辽宁省应在国家进一步理顺管理体制的背景下，成立国家层面的海陆统筹发展委员会或类似机构，协调管理海陆各产业的发展及海陆环境污染的综合治理，负责制定国家海陆统筹发展战略，指导全国海洋经济与陆域经济的发展思路、发展规划和重大措施的制定与工作部署，以及各涉海管理部门与各地区海洋经济工作的统一协调，以使各部门各地区目标明确、互相配合、提高效率，克服当前海陆综

合管理方面的弊端。

2. 科学做好海陆统筹规划

海陆统筹规划是实现海陆统筹发展的前提。深入分析辽宁沿海地区经济社会发展的阶段性特征，把握辽宁海洋经济发展的现实起点，尽快制定出台《辽宁省海陆统筹发展规划》，在辽宁沿海经济带升级为国家战略基础上，进一步继续争取更多的优惠政策与支持。同时，规划设立海洋经济发展实验区建设专项基金，重点支持海洋科技成果转化和产业化项目建设，支持涉海科技型中小企业发展，支持海洋基础设施、环境保护、公共服务平台等项目建设，积极争取国家资金用于实验区建设。同时，建立专家咨询制度，聘请国内专家、学者对重大涉海问题、重点项目进行评审论证。

3. 制定"以海定陆"的全面协调可持续发展政策

以科学发展观为指导，加强对海陆统筹战略的认识。通过加大宣传力度，提高人们对于海陆经济相互联系的认识，只有海陆联动，海陆统筹发展才能发挥整体效益，为整个区域的发展提供动力。海陆统筹战略应注重对经济社会文化生态多方位的宣传，认识海洋文化特点及海洋的重要性，摆脱单独的陆域发展思路，从思想上接受海洋系统与陆域系统的整体性，进而为海陆经济协调发展奠定基础。海陆系统不仅具有复杂的关联性，同时也具有其发展的独特之处，例如海陆经济的发展都急需优惠政策的支持，但是海洋经济系统更加注重对于技术与资金方面的投入，而陆域经济更加注重的是资源利用效率的提高。因此海陆经济协调发展政策的制定，要以海陆统筹思想为指导方针，同时还要顾及海陆系统的独特性，依此来建立适宜的政策，进而形成海陆经济协调持续发展的政策体系。

4. 加强管理机构专业化，形成海陆统筹管理体系

海陆统筹发展的管理涉及海陆间产业的统筹、资源有效替代、环境统筹调控等各个方面，海陆统一规划，是实现海陆经济互动发展的重要保障。科学的进行海陆统一规划，采取"点—轴"结合的方式，从总体上把握好海陆经济协调持续发展。同时建立不同层次的管理结构，尤其加强横向部门之间的联系性，鼓励民间机构的参与性与积极性，对海陆统一规划方面的不足进行弥补，形成更加科学、完整的海陆一体化管理体系。政府借助其话语权，建立对话平台，为海陆经济发展提供沟通渠道，使相对分散的管理部门能够进行有效的沟通提升工作效率，例如建立海陆统筹发展的投融资体系、海陆统筹发展的物流平台、海陆统筹发展的信息资源交流平台等,从而为海陆经济协调发展提供帮助。政府还可以利用其服务功能的优越性,构建创新网络,形成产学研体系,及时进行技术引进、技术创新、技术成果转化等功能,对海陆经济发展提供有效的技术支撑。鼓励民间机构对管理参与的积极性,为民间管理组织、公益组织提供发展空间,一方面可以减轻政府自身的监管负担,同时又可以利用民间组织的专一性来弥补政府服务存在的缺陷,从而为海陆经济协调持续发展提供良好的环境。

第二节　研究结论

统筹海陆关系、加强海陆产业协调与海洋产业结构优化,是科学发展观背景下实现我国沿海地区全面协调持续发展的关键。而海陆产业协调是实现我国海陆统筹战略目标的重要内容,海洋产业结构优化是推动我国海洋经济持续快速发展的有效路径,在海洋经济发展过程中必须正确处理海洋开发与陆地开发之间的关系,加强海陆之间互动与协调,促进海洋产业结构优化升级。本研究基于国家海洋开发与海陆统筹的战略思路,探讨了海陆统筹的基本内涵与目标,分析了海陆产业协调发展机制与海洋产业优化的影响机制,选择构建了海陆产业协调发展与海洋产业结构优化的方法体系,并以辽宁省为案例,分析海陆统筹下海陆产业的关联程度与协调效率,研究基于海洋产业投入产出的海洋产业结构优化问题,提出了促进海陆产业协调发展与实现海洋产业结构优化升级的具体对策。研究成果主要体现在以下几个方面。

(1) 以海洋环境可持续发展为条件,在国家发展海洋经济与坚持陆海统筹等战略背景下,通过对海陆产业基本理论的梳理,探讨了海陆统筹的内涵与核心内容。研究认为:海陆统筹是将海洋和陆地作为两个独立的系统,综合考虑海陆间经济、生态和社会功能,利用海陆间的能流、物流和信息流等联系,以科学发展观为指导,对沿海区域发展进行统一规划,统筹配置资源要素,促进海洋产业与陆域产业融合联动,实现海陆经济社会协调发展,进而推动区域全面发展。海陆统筹是区域发展的指导思想和战略思维,海陆统筹的核心内容包括:海陆经济子系统的统筹、海陆生态环境子系统的统筹、海陆社会子系统的统筹和海陆社会经济生态子系统间的总体协调。

(2) 通过对海陆产业协调与优化方法的比较筛选,选择灰色关联度分析法分析了辽宁省主要海陆产业关联问题、选择 DEA 模型分析了辽宁省海陆产业协调效率问题、选择投入产业法分析了辽宁省海洋产业结构优化问题。研究认为：从产业关联度来看，辽宁省海洋三大产业与地区生产总值的关联度差异较大，其中海洋第三产业与地区生产总值的关联度最大，海洋第二产业次之，海洋第一产业最小。从 DEA 海陆产业协调效率评价结果来看，辽宁省的海陆系统的投入产出情况并不乐观，存在投入冗余和产出不足的情况，尤其是和沿海相似省份来比较，其总体效率和技术效率得分都比较低，存在规模收益递减的状态，其产出规模有很大的上升空间。从海洋产业结构优化目标来看，海上交通运输业的理论结构分量值要高出实际结构分量值许多，这说明该产业发展的还尚不充分，还有较大的提升空间；海洋油气业实际结构分量值都高于理论结构分量值，说明该产业在现有的技术经济状况下开发的规模较大，已经超过其理论上限，需要对其结构进行优化调整，积极培育资源节约型的项目形式；海洋渔业、船舶制造业和滨海旅游业的理论值和实际值相差较小，说明这些产业在现有的技术经济条件下发展的较为充分，产值比重适当，应当继续保持提升。

（3）基于前文的分析，最后提出了促进辽宁省海陆产业协调与海洋产业结构优化的对策建议，包括：加强海陆产业要素流通和统筹配置，促进海陆统筹开发；加快海陆产业集群，促进海陆产业优化升级；构建完善的海陆统筹开发政策、法规、管理体系；推动海洋科技发展和人才培养等。

第三节　研究展望

（1）加强海陆统筹的理论研究。目前我国还没有国家层面的海陆统筹理论界定或是战略规划，海陆统筹本身的内涵、海陆统筹战略的内容、目标以及实施路径等理论界定内容尚未明确。本书从海陆统筹战略思想出发，探讨了海陆统筹的基本内涵、核心内容与目标，对于丰富海陆统筹理论研究及其战略实施等具有一定的现实意义。但是上升到国家战略高度，海陆统筹本身的理论体系与内容目标尚需进一步深入研究。

（2）研究方法的深入应用。关于海陆产业关联度的分析，研究采用了灰色综合关联度和灰色近似关联度的分析方法，但受时间、资料收集困难、统计体系等条件的限制，仅选择海洋渔业、海洋油气业、海洋船舶工业、海洋交通运输、滨海旅游业、海洋盐业、海洋生物医药等 7 个主要海洋产业与陆域经济的关联度进行了研究，但并不能完全代表海洋产业。另外，本文主要采用灰色关联理论，对海洋产业与陆域产业的关联程度进行度量，而海陆产业之间的关联比较广泛。今后，在条件允许的情况下，应该拓展海陆产业关联的研究范围，使研究更具有实用价值。关于海陆产业协调发展水平，本文采用的是 DEA 评价模型，是从协调效率角度判断海陆产业协调发展的程度。但研究过程中，受到数据资料以及作者认识水平的限制，在进行投入指标选取时仅选取了少量投入指标，这还有待于在今后研究工作中进一步深入展开。此外，海洋经济投入产出分析是需要进一步加强的工作，根据现有的 2002 年和 2007 年辽宁省投入产出数据，采用推导法经过推导来编制辽宁省海洋经济投入产出表还不是很科学与严谨。但总的来说，在可持续发展理念下将投入产出分析应用到海洋经济领域，本文只是做了一个尝试，还需要进一步完善与深入研究。此外，鉴于研究能力与研究工作量的限制，本文并未展开海陆产业空间布局衔接统筹方面的研究，而这也是海陆统筹的重要内容之一，还需要在今后的研究中进一步拓展与深入。

（3）海洋经济的研究缺乏多方面的数据支撑。目前我国在海洋产业门类、统计口径等方面存在着许多不完善的地方。海洋经济数据的统计与分析，主要是依托国家海洋局，基本上还没有其他研究机构对其进行相关统计。本书研究所采用的数据主要是根据《中国海洋统计年鉴》、《辽宁省统计年鉴》和《辽宁海洋经济统计公报》获得。由于统计体系与统计口径在不断调整变化，数据的缺失也会对本文海陆产业关联度分析结果的准确性产生一定影响。

参考文献

［1］ 国家海洋局. 2014 年中国海洋经济统计公报. http：//www. coi. gov. cn/gonbao/
jingji/201503/news/t20150318_ 32235. htm

［2］ 王曙光. 海洋开发战略 ［M］. 北京：海洋出版社，2004.

［3］ 于谨凯. 我国海洋产业可持续发展研究 ［M］. 北京：经济科学出版社，2006.

［4］ 张耀光. 中国海洋经济与可持续发展 ［J］. 科学，2006（1）：50-52.

［5］ 中华人民共和国国民经济和社会发展第十二个五年规划纲要. http：//news. xinhua-
net. com/politics/2011-03/16/c_ 121193916. htm

［6］ Hance D. Smith. The industrialization of the world ocean, Ocean and coastal management,
43（2003）：11-28.

［7］ 国家海洋局. 全国海洋经济发展规划纲要 ［N］. 中国海洋报，2004-02-06.

［8］ 胡锦涛. 十七大报告. http：//politics. people. com. cn/GB/1024/6429094. html.

［9］ 张静，韩立民. 试论海洋产业结构的演进规律 ［J］. 中国海洋大学学报（社会科学
版），2006（6）.

［10］ G. Pontecorvo. Contribution of the ocean sector to United State economy. MT Journal,
1989（2）：23-26.

［11］ Colgan, Charles S. Grading the Maine economy ［J］. Maine economy. 1994, 3（3）：
55-62.

［12］ J. Westwood. The importance of marine industry markets to national economies ［M］.
1999.

［13］ 阿戴尔伯特. Sustainable Ocean Governance-A geographical perspective ［M］. 北京：
海洋出版社，2007.

［14］ Mitchell C L. Sustainable Oceans Development：the Canadian Approach ［J］. Marine
Policy, 1998, 22（4）：393-412.

［15］ Luky Adrianto, Yoshiaki Matsuda. Developing economic vulnerability indices of environ-
mental disasters in small island regions ［J］. Environment impact assessment review, 22
（2002），393-414.

［16］ A. D. 梅林杰，J. D. 萨奇斯，J. L. 加罗普，刘卫东等译，牛津经济地理学手册

[M]. 北京：商务出版社，2005，169-194（气候、临海性和发展）.

[17]　Luis sua. The European Vision for Oceans and Seas-Social and Political Dimensions of the Green Paperon Maritime Policy for the EU [J]. Marine Policy, 2007, 31: 409-414.

[18]　Cicin B, Belfiore S. Linking Marine Protec-ted Areas to Integrated Coastal and Ocean Management: A re-view of Theory and Practice [J]. Ocean&Coastal Manage-ment, 2005, 48: 847-868.

[19]　于光远. 谈一点我对海洋国土资源经济学研究的认识 [J]. 海洋开发, 1984 (1).

[20]　韩增林. 区域海洋经济地理的理论与实践 [M]. 辽宁师范大学出版社, 2001.

[21]　邓效慧，戴桂林，权锡鉴. 海洋资源资产化管理与海洋资源可持续开发利用 [J]. 海洋科学, 2001 (2): 54-56.

[22]　梁喜新著. 辽宁海岸带开发概论 [M]. 北京：海洋出版社, 1993.

[23]　韩增林. 试论我国海水资源可持续开发利用 [J]. 经济地理, 1996 (2).

[24]　张耀光，关伟. 渤海海洋资源的开发与可持续利用 [J]. 自然资源学报, 2002 (6): 768-775.

[25]　李悦铮. 辽宁沿海旅游资源评价研究 [J]. 自然资源学报, 2000 (3).

[26]　狄乾斌，韩增林. 海域承载力的定量化探讨——以辽宁海域为例 [J]. 海洋通报, 2005 (1): 47-55.

[27]　韩增林，狄乾斌. 海域承载力的理论与评价方法研究 [J]. 地域研究与开发, 2006 (1): 1-5.

[28]　韩增林，狄乾斌，刘锴. 辽宁省海洋水产资源承载力探讨 [J]. 海洋开发与管理, 2003 (2): 12-16.

[29]　Di Qian-bin, Han Zeng-lin, Liu Gui-chun. Carrying Capacity of Marine Region in Liaoning Province. Chinese Geography, 2007, 17 (3): 229-235.

[30]　韩立民，栾秀芝. 海域承载力研究综述 [J]. 海洋开发与管理, 2008 (9): 32-36.

[31]　韩立民，任新君. 海域承载力与海洋产业布局关系初探 [J]. 太平洋学报, 2009 (2): 80-84.

[32]　刘康，韩立民. 海域承载力本质及内在关系探析 [J]. 太平洋学报, 2008 (9): 69-75.

[33]　刘康. 海岸带承载力影响因素与评估指标体系初探 [J]. 中国海洋大学学报（社科版），2008 (4): 8-11.

[34]　李志伟，崔力拓. 河北省近海海域承载力评价研究 [J]. 海洋湖沼通报, 2010 (4): 87-74.

[35]　马彩华. 海域承载力与海洋生态补偿的关系研究 [J]. 中国渔业经济, 2009 (3): 106-110.

[36]   付会. 海洋生态承载力研究 [D]. 中国海洋大学博士学位论文, 2009.

[37]   曹可, 吴佳璐, 狄乾斌. 基于模糊综合评判的辽宁省海域承载力研究 [J]. 海洋环境科学, 2012 (6): 838-842.

[38]   陈可文. 中国海洋经济学 [M]. 北京: 海洋出版社, 2003.

[39]   王长征, 刘毅. 论中国海洋经济的可持续发展 [J]. 资源科学, 2003 (4): 73-78.

[40]   刘明. 中国海洋经济发展潜力分析 [J]. 中国人口·资源与环境, 2010 (6): 151-154.

[41]   中国海洋经济发展趋势与展望课题组. 中国海洋经济预测研究 [J]. 统计与决策, 2005 (24).

[42]   张耀光, 魏东岚. 中国海洋经济省际空间差异与海洋经济强省建设 [J]. 地理研究, 2005 (1): 46-56.

[43]   李佩瑾, 栾维新. 我国沿海地区海洋经济发展水平初步研究 [J]. 海洋开发与管理, 2005 (2)

[44]   刘容子. 烟台市海洋经济发展规划研究 [M]. 北京: 海洋出版社, 2007.

[45]   张耀光, 韩增林, 刘锴等. 辽宁省主导海洋产业的确定 [J]. 资源科学, 2009 (12).

[46]   王丹, 张耀光, 陈爽. 辽宁省海洋经济产业结构及空间模式演变 [J]. 经济地理, 2010, 30 (3): 443-448.

[47]   何广顺. 海洋经济核算体系与核算方法研究 [D]. 中国海洋大学博士学位论文, 2006.

[48]   张耀光, 崔立军. 辽宁省海洋区域经济布局机理与可持续发展研究 [J]. 地理研究, 2001 (3): 338-346.

[49]   杨荫凯. 21 世纪初我国海洋经济发展的基本思路 [J]. 宏观经济研究, 2002 (2): 35-38.

[50]   杨金森. 中国要建海洋强国 [J]. 海洋世界, 2004 (1): 4-6.

[51]   栾维新. 海洋规划的区域类型与特征研究 [J]. 人文地理, 2005 (8): 38-41.

[52]   栾维新, 王海壮. 长山群岛区域发展的地理基础与差异因素研究 [J]. 地理科学, 2005 (5): 544-550.

[53]   Guillermo Garcia Montero. The Caribbean: main experiences and regularities in capacity building for the management of coastal areas [J]. Ocean and coastal management, 45 (2002), 677-693.

[54]   Rutherford R J, Herbert G J, Coffen-smout S. Integrated Ocean Management and the Collaborative Plan-ring Process: The Eastern Scotian Shelf Integrated Manage-meant (ESSIM) Initiative [J]. Marine Policy, 2005, 29: 75-83.

[55]   Blake B. A Strategy for Cooperation in Sustainable Oceans Management and Develop-

ment, Commonwealth Carib-bean [J]. Marine Policy, 1998, 22 (6)：505-513.

[56] Cicin B, Belfiore S. Linking Marine Protec-ted Areas to Integrated Coastal and Ocean Management：A re-view of Theory and Practice [J]. Ocean&Coastal Manage-ment, 2005, 48：847-868.

[57] Di Jin, Porter Hoagland, Tracey Morin Dalton. Methods linking economic and ecological models for a marine ecosystem [J]. ecological economics. 2003, 46. 367-385.

[58] J. P. Allen, M. Nelson and A. Alling. The legacy of biosphere 2 for the study of bio-spherics and closed ecological systems. Adv space res, 2003. 31：1629-1639.

[59] Colin Hunt. Economic globalization impacts on pacific marine resources. Marine policy, 2003, 27 79-85.

[60] 张海峰. 海陆统筹、兴海强国 [J]. 太平洋学报, 2005 (3)：27-33.

[61] 徐惠民, 丁德文. 人海关系调控技术体系构建初探 [J]. 海洋开发与管理, 2009 (2)：18-22.

[62] 张耀光. 我国海陆经济带的可持续发展研究 [J]. 海洋开发与管理, 1996 (2).

[63] 栾维新, 王海英. 论我国沿海地区的海陆经济一体化 [J]. 地理科学, 1998, 18 (4)：343-348.

[64] 李义虎. 从海陆二分到海陆统筹——对中国海陆关系的再审视 [J]. 现代国际关系, 2007, 27 (8)：1-5.

[65] 殷克东, 王法良. 陆海经济的内在关联性分析 [J]. 中国海洋大学学报, 2008 (3)：10-12.

[66] 韩立民. 关于海陆一体化的理论思考 [J]. 太平洋学报, 2007 (8)：82-87.

[67] 叶向东. 海陆统筹发展战略研究 [J]. 海洋开发与管理, 2008, 30 (8)：55-60.

[68] 韩增林, 王泽宇. 辽宁沿海地区循环经济发展综合评价 [J]. 地理科学, 2009, 29 (2)：147-153.

[69] 鲍捷, 吴殿廷. 基于地理学视角的"十二五"期间我国海陆统筹方略 [J]. 中国软科学, 2011 (5)：1-7.

[70] 孙加韬. 中国海陆一体化发展的产业政策研究 [D]. 复旦大学博士学位论文, 2011.

[71] 王晶. 新时期中国海洋产业发展战略研究 [D]. 辽宁师范大学硕士论文, 2011.

[72] 孙才志, 范斐. 辽宁省海洋经济与陆域经济协同发展研究 [J]. 地域研究与开发, 2011, 30 (2)：59-63.

[73] 李文荣. 海陆经济互动发展的机制探索 [M]. 北京：海洋出版社, 2010.

[74] 周福君. 我国沿海地区陆海产业联动发展研究 [D]. 浙江工商大学硕士论文, 2006.

[75] 范斐. 海陆统筹下的辽宁沿海经济带海洋经济与陆域经济协同发展研究 [D]. 辽

宁师范大学硕士论文，2011.

[76] 韩增林，狄乾斌，周乐萍. 陆海统筹的内涵与目标解析 [J]. 海洋经济，2012（2）.

[77] 徐胜. 我国海陆经济发展关联性研究 [J]. 中国海洋大学学报（社会科学版），2009（11）.

[78] 宋张弟. 环渤海地区陆海产业联动发展研究 [D]. 天津财经大学硕士论文，2011.

[79] 戴桂林，刘蕾. 基于系统论的海陆产业联动机制探讨 [J]. 海洋开发与管理，2007（11）.

[80] 徐质斌，牛福增. 海洋经济学教程 [M]. 北京：经济科学出版社，2003.

[81] 狄乾斌. 海洋经济可持续发展的理论、方法与实证研究 [D]. 辽宁师范大学博士学位论文，2007.

[82] 于谨凯. 我国海洋产业可持续发展研究 [M]. 北京：经济科学出版社，2006.

[83] 韩立民. 泛黄海地区海洋产业布局研究 [M]. 北京：经济科学出版社，2008.

[84] 张静，韩立民. 试论海洋产业结构的演进规律 [J]. 中国海洋大学学报（社会科学版），2006（11）

[85] 国家海洋局. 中国海洋统计年鉴（2011）[M]. 北京：海洋出版社，2012.

[86] 黄良民. 中国海洋资源与可持续发展 [M]. 北京：科学出版社，2007.

[87] 高文武，潘少云. 毛泽东统筹兼顾思想及对当今中国的意义 [J]. 武汉大学学报（人文科学版），2006（6）.

[88] 张海峰，杨金森，徐质斌，等. 到2020年把我国建成海洋经济强国——论建设海洋经济强国的指导方针和目标 [J]. 海洋开发与管理，1998（1）.

[89] 张海峰. 抓住机遇加快我国海陆产业结构大调整——三论海陆统筹兴海强国 [J]. 太平洋学报，2005（10）.

[90] 叶向东. 构建"数字海洋"实施海陆统筹 [J]. 太平洋学报，2007（4）.

[91] 韩增林，刘桂春. 人海关系地域系统探讨 [J]. 地理科学，2007，27（6）：761-767.

[92] 樊杰. 我国东部沿海重点地区经济发展与资源环境相互作用关系的比较研究 [J]. 自然资源学报，2004（1）：96-105.

[93] 刘彦随. 沿海快速发展地区区域系统耦合状态分析 [J]. 资源科学，2007（1）：16-20.

[94] 栾维新. 海陆一体化建设研究 [M]. 北京：海洋出版社，2004.

[95] 吴雨霏. 基于关联机制的海陆资源与产业一体化发展战略研究 [D]. 中国地质大学（北京）博士学位论文，2012.

[96] 王泽宇. 辽宁省海洋产业结构优化升级及合理布局研究 [D]. 辽宁师范大学硕士论文，2006.

［97］　徐敬俊. 海洋产业布局的基本理论研究暨实证分析［D］. 中国海洋大学博士论文,
　　　　2010.

［98］　昌军. 唐山市海洋产业结构战略性调整的研究［D］. 河北理工大学硕士论文,
　　　　2005.

［99］　刘佳, 朱桂龙. 基于投入产出表的我国产业关联与产业结构演化分析［J］. 统计
　　　　与决策, 2012（2）.

［100］　刘思峰. 灰色系统理论及其应用［M］. 北京: 北京科技出版社, 1999.

［101］　魏权龄. 数据包络分析［M］. 北京: 科学出版社, 2004.

［102］　王全文. DEA 方法的进一步研究［D］. 天津大学博士学位论文, 2008.

［103］　陈倩. 辽宁省海洋产业结构变动与海洋经济增长关系研究［D］. 辽宁师范大学硕
　　　　士学位论文, 2011.

［104］　韩增林, 狄乾斌, 刘锴. 辽宁省海洋产业结构分析［J］. 辽宁师范大学学报（自
　　　　然科学版）, 2007, 30（1）: 107-111.

［105］　王晓辉. 中国产业结构的动态投入产出模型分析［D］. 哈尔滨工程大学博士学位
　　　　论文, 2010.

［106］　张权. 河北省海洋经济发展研究［D］. 天津大学硕士论文, 2003.

［107］　国家海洋局海洋战略发展研究所课题组. 中国海洋发展报告（2010、2011）［R］.
　　　　北京: 海洋出版社, 2010、2011.

［108］　郑贵斌. 山东实施陆海统筹的探索实践与重要启示［J］. 山东社会科学, 2011
　　　　（9）.

［109］　狄乾斌, 韩增林. 辽宁省海洋经济可持续发展的演进特征及其系统耦合模式［J］.
　　　　经济地理, 2009（5）.

［110］　闵庆文, 余卫东. 区域水资源承载力的模糊综合评价分析方法及应用［J］. 水土
　　　　资源保持研究, 2004（3）: 126-129.

［111］　崔力拓, 李志伟. 河北省海域承载力多层次模糊综合评价［J］. 中国环境管理干
　　　　部学院学报, 2010, 20（2）.

［112］　王学全, 卢琦, 李保国. 应用模糊综合评判方法对青海省水资源承载力评价研究
　　　　［J］. 中国沙漠, 2005, 25（6）: 944~949.

［113］　陈英姿. 中国东北地区资源承载力研究［M］. 长春: 长春出版社, 2010: 51.

［114］　许长新. 海洋产业的关联性研究［J］. 海洋开发与管理, 2002, 19（5）: 31-34.

［115］　国家海洋局. 中国海洋统计年鉴（2006-2011）［M］. 北京: 海洋出版社, 2007-
　　　　2012.

［116］　国家统计局. 中国统计年鉴（2006-2011）［M］. 北京: 中国统计出版社, 2007-
　　　　2012.

［117］　国家统计局. 辽宁省统计年鉴（2006-2011）［M］. 北京: 中国统计出版社, 2007

-2012.

[118] 刘桂春，韩增林. 在海陆复合生态系统理论框架下：浅谈人地关系系统中海洋功能的介入 [J]. 人文地理，2007，3：51-57.

[119] 王芳. 对我国海陆统筹战略的认识与思考 [J]. 国土资源，2009 (3)：33-35.

[120] 曹可，苗丰民，赵建华. 海域使用动态综合评价理论与技术方法探讨 [J]. 海洋技术，2012 (6)：86-90.

[121] 胡锦涛. 十八大报告. http：//www. ce. cn/xwzx/gnsz/gdxw/201211/19/t20121119 _ 23859552. shtml.

[122] Ke Cao. Grading and Classification for China Sea Area. Sixth International Conference on Internet Computing for Science and Engineering (ICICSE 2012)，21－23 April 2012，Zhengzhou，Henan，China. Conference Publishing Services (CPS).

[123] 曹可. 海陆统筹思想的演进及其内涵探讨 [J]. 国土与自然资源研究，2012 (5)：50-51.

附录 辽宁省海洋产业投入产出表

表 A.1 2002 年辽宁省海洋产业投入产出表 1（单位：万元）

		中间产出						
		海洋渔业	海洋油气业	船舶修造业	海上交通运输业	滨海旅游业	省内其他行业	合计
中间投入	海洋渔业	170 174.60	0.00	0.00	61.25	638 487.94	726 448.84	1 535 172.63
	海洋油气业	0.00	9.01	7 754.26	175.64	533.12	5 151 620.41	5 160 092.44
	船舶修造业	6 329.29	0.00	385 119.89	88 460.60	0.00	197 377.93	677 287.71
	海上交通运输业	1 418.16	9 193.54	5 457.20	54 312.42	1 035.37	824 724.99	896 141.68
	滨海旅游业	4 804.69	35 270.46	20 994.48	19 241.86	33 879.90	3 128 772.54	3 242 963.93
	省内其他行业	1 032 148.34	861 015.29	696 835.22	418 656.50	1 928 849.29	73 526 477.73	78 463 982.37
	合计	1 214 875.08	905 488.30	1 116 161.05	580 908.27	2 602 785.62	83 555 422.44	89 975 640.76
增加值	折旧	111 226.41	249 382.45	90 700.46	114 885.96	165 426.51	8 039 838.29	8 771 460.08
	劳动者报酬	1 079 965.91	407 040.37	145 700.76	250 117.25	526 940.62	25 771 255.98	28 181 020.89
	生产税净额	86 096.88	355 415.82	102 261.34	52 012.82	261 059.97	7 230 220.92	8 087 067.75
	营业盈余	168 051.77	571 878.41	-5 606.77	6 290.70	880 089.27	5 898 158.00	7 518 861.38
	增加值合计	1 445 340.97	1 583 717.05	333 055.78	423 306.73	1 833 516.38	46 939 473.10	52 558 410.01
	总投入	2 660 216.05	2 489 205.35	1 449 216.83	1 004 215.00	4 436 302.00	130 494 895.52	142 534 050.8

表 A.2　2002 年辽宁省海洋产业投入产出表 2（单位：万元）

		农村居民消费	城镇居民消费	居民消费 小计	政府消费	最终消费 合计	固定资本形成总额	存货增加
					最终使用			
中间投入	海洋渔业	486 466.33	828 930.57	1 315 396.90	0.00	1 315 396.90	0.00	−140 793.72
	海洋油气业	0.00	75 769.43	75 769.43	0.00	75 769.43	0.00	318 221.31
	船舶修造业	0.00	0.00	0.00	0.00	0.00	156 705.00	44 670.67
	海上交通运输业	16 150.58	30 889.38	47 039.96	0.00	47 039.96	0.00	0.00
	滨海旅游业	153 362.55	688 888.00	842 250.55	0.00	842 250.55	0.00	0.00
	省内其他行业	4 024 616.15	13 486 825.93	17 511 442.07	8 900 015.01	26 411 457.08	16 118 873.00	1 857 701.73
	合计	4 680 595.61	15 111 303.31	19 791 898.91	8 900 015.01	28 691 913.92	16 275 578	2 079 799.99
增加值	折旧							
	劳动者报酬							
	生产税净额							
	营业盈余							
	增加值合计							
总投入								

表 A.3　2002年辽宁省海洋产业投入产出表3

单位：万元

		资本形成总额合计	出口	流出	最终使用	进口	流入	其他	总产出
中间投入	海洋渔业	-140 793.72	412 558.79	92 700.12	1 679 862.09	345 653.00	209 165.65	0.00	2 660 216.05
	海洋油气业	318 221.31	460 006.12	46 801.80	900 798.66	770 231.00	2 801 454.74	0.00	2 489 205.35
	船舶修造业	201 375.67	275 233.97	348 966.44	825 576.08	8 715.00	44 931.94	0.00	1 449 216.83
	海上交通运输业	0.00	24 241.85	39 610.55	110 892.36	0.00	2 819.00	0.00	1 004 215.00
	滨海旅游业	0.00	105 940.40	412 937.50	1 361 128.45	14 103.20	153 687.20	0.00	4 436 302.00
	省内其他行业	17 152 332.73	8 728 345.57	16 456 120.94	68 748 256.32	6 654 639.64	10 886 945.68	0.00	130 494 895.51
	合计	17 531 135.99	10 006 326.7	17 397 137.35	73 626 513.96	7 793 341.84	14 099 004.21	0	142 534 050.7
增加值	折旧								
	劳动者报酬								
	生产税净额								
	营业盈余								
	增加值合计								
	总投入								

表 A.4　2007 年辽宁省海洋产业投入产出表 1

单位：万元

		中间产出						
		海洋渔业	海洋油气业	船舶修造业	海上交通运输业	滨海旅游业	省内其他行业	合计
中间投入	海洋渔业	1 550 953.68	0.00	0.00	38.24	899 029.44	664 826.47	3 114 847.83
	海洋油气业	161.46	9.01	63.61	0.00	2 192.89	12 460 252.02	12 462 678.99
	船舶修造业	73 848.01	0.00	362 765.70	46 026.68	105.72	218 119.64	700 865.75
	海上交通运输业	28 485.29	15 379.81	10 117.04	727 544.95	18 733.12	1 509 161.95	2 309 422.16
	滨海旅游业	23 153.04	23 356.54	9 974.48	17 610.03	257 511.14	2 613 660.92	2 945 266.15
	省内其他行业	1 237 615.88	1 579 523.67	2 395 206.48	1 072 280.10	2 801 403.66	168 246 846.48	177 332 876.27
	合计	2 914 217.36	1 618 269.03	2 778 127.31	1 863 500.00	3 978 975.97	185 712 867.48	198 865 957.15
增加值	折旧	113 174.41	29 027.92	101 665.23	206 300.00	220 916.26	16 040 516.06	16 711 599.88
	劳动者报酬	2 683 838.17	1 153 489.70	715 727.95	146 600.00	651 604.01	40 377 610.89	45 728 870.72
	生产税净额	58 700.76	298 401.11	360 803.31	55 800.00	204 293.72	17 904 112.51	18 882 111.41
	营业盈余	191 844.36	982 102.77	499 136.10	353 800.00	1 208 393.04	27 377 901.64	30 613 177.91
	增加值合计	3 047 557.70	2 463 021.50	1 677 332.59	762 500.00	2 285 207.03	101 700 141.12	111 935 759.94
	总投入	5 961 775.06	4 081 290.53	4 455 459.90	2 626 000.00	6 264 183.00	287 413 008.65	310 801 717.14

表 A.5　2007 年辽宁省海洋产业投入产出表 2

单位：万元

		最终使用						
		农村居民消费	城镇居民消费	居民消费 小计	政府消费	最终消费 合计	固定资本 形成总额	存货增加
中间投入	海洋渔业	195 144.91	664 001.75	859 146.66	444 458.50	1 303 605.16	0.00	40 938.61
	海洋油气业	18 715.41	95 290.53	114 005.94	0.00	114 005.94	0.00	387 170.71
	船舶修造业	0.00	0.00	0.00	0.00	0.00	740 730.16	82 855.08
	海上交通运输业	10 186.78	30 766.50	40 953.28	59 593.90	100 547.18	60 976.30	9 516.69
	滨海旅游业	313 915.96	2 178 306.38	2 492 222.34	0.00	2 492 222.34	0.00	0.00
	省内其他行业	6 440 391.91	24 987 661.86	31 428 053.77	9 964 600.43	41 392 654.20	74 283 363.63	4 363 679.45
	合计	6 978 354.97	27 956 027.02	34 934 381.99	10 468 652.83	45 403 034.82	75 085 070.09	4 884 160.54
增加值	折旧							
	劳动者报酬							
	生产税净额							
	营业盈余							
	增加值合计							
总投入								

表 A.6　2007 年辽宁省海洋产业投入产出表 3

单位：万元

				最终使用					总产出
		资本形成总额合计	出口	流出	最终使用	进口	流入	其他	
中间投入	海洋渔业	40 938.61	721 145.24	1 426 656.38	3 492 345.39	613 612.52	31 805.65	0.00	5 961 775.06
	海洋油气业	387 170.71	35 372.56	365 397.86	901 947.07	4 468 591.95	4 814 743.58	0.00	4 081 290.53
	船舶修造业	823 585.24	1 263 125.94	2 163 801.91	4 250 513.09	37 035.04	458 883.90	0.00	4 455 459.90
	海上交通运输业	70 492.99	96 051.56	49 486.12	316 577.85	0.00	0.00	0.00	2 626 000.00
	滨海旅游业	0.00	105 056.60	1 099 132.99	3 696 411.93	42 022.64	335 472.43	0.00	6 264 183.00
	省内其他行业	78 647 043.08	22 435 170.48	59 680 774.24	202 155 642.00	12 633 910.64	52 315 260.04	-27 126 338.98	287 413 008.65
	合计	79 969 230.63	24 655 922.38	64 785 249.50	214 813 437.33	17 795 172.79	57 956 165.60	-27 126 338.98	310 801 717.14
增加值	折旧								
	劳动者报酬								
	生产税净额								
	营业盈余								
	增加值合计								
	总投入								

后 记

最近几年，海陆统筹议题引起了社会各界的高度关注，已经成为从国家到省市各级海洋经济发展规划、海洋功能区划、海洋主体功能区规划、沿海地区经济发展规划共同遵守的基本原则。但是，关于海陆统筹的内涵是什么，为什么要实施海陆统筹，如何构建海陆统筹机制等问题还没有达成广泛的共识。奉献给读者的这本著作是在曹可的博士论文"环境约束下的辽宁省海陆产业统筹研究"的基础上，从加强海陆产业统筹发展的视角，就海陆产业统筹中海陆产业协调和海洋产业结构优化等问题进行了深入思考。

我们的研究得到了各方面的关怀与支持，在本书出版之际我要特别感谢国家海洋环境监测中心的苗丰民研究员、关道明研究员对本书提出了许多宝贵的、建设性的意见，对我们的后续研究的完善与改进起到了重要作用。同时感谢国家海洋环境监测中心领导和同事的关心和帮助。

感谢大连海事大学的栾维新教授、辽宁师范大学的孙才志教授，他们对本书的研究大纲提出了宝贵的修改意见。感谢国家海洋局海域综合管理司、辽宁省海洋与渔业厅、大连市海洋与渔业局等单位的支持，为本项研究提供了直接的帮助。

在本书付梓之际，我要对本书的出版付出辛劳的编辑和其他同志表示真诚的感谢！

最后感谢我的夫人对我的理解与支持，她承担了教育抚育我女儿的任务，使我有时间完成繁重的研究工作。

曹可